全蔬食風味料理

滋味·由素開始

素食達人 Elvis Chan 著

萬里機構

推薦序 1

我認識 Elvis 唔深，但 2024 年 5 月我哋經歷《徒步戈壁 108km》之旅，令我印象好深刻，因為嗰次徒步嘅主題係「我行我素」，Elvis 原來三十幾年以嚟都係食素。

既然咁深刻，就要睇下第一章「零失敗 30 分鐘素食料理」，Elvis 點樣講佢自己天生係素食者，和肉類點樣保持零距離接觸，同埋喺學校有無畀其他小朋友欺凌。

Elvis 係我哋嘅隊長，隊裏面有年輕，有年長（即係我），點樣激勵大家士氣完成路程，真係好考功夫。因為賽制講 team work，要全隊人完成先算完成。隊長需要想辦法令享受隊尾寧靜與和平嘅我，燃點引擎，走到上前。

隊長鼓勵我需要創意，煮素亦需要創新，第二章「新派創作家常素菜」，睇菜式名字，已經耳目一新、垂涎三尺 —— 三杯九層塔野菌天貝、Shakshuka 北非野菜烘蛋、意式香草青醬牛油果帶子意粉……

正所謂人心肉做，有一日 Elvis 同其他年輕隊友走到皮開肉裂，腳板長滿水泡、血泡，我睇見於心何忍呢？第二日我就發憤向前，大家喺中途站休息時，Elvis 還報告其他隊友（我老婆）嘅情況，暗示我要繼續衝。

Elvis 自己衝出世界，體會異國風情，第三章「素遊風味之旅」將唔同國家嘅風情風味融入素菜食材 —— 美式水牛城不是素雞鎚、煙燻甜椒鷹嘴豆醬、烤椰菜花扒伴焦糖洋蔥……

最後，我哋隊伍攞到全場團體亞軍，當晚喺祝捷會，Elvis 向我遞上一張相片，原來係我哋九年前喺書展頒獎典禮影嘅。

九年後嘅今日，Elvis 有自己嘅著作，既係自己嘅主菜，亦係自己嘅甜品，加埋第四章「法式純素甜品」，真係甜到漏！

Ben Sir（歐陽偉豪）

2025 年 1 月

推薦序 2

作為旅遊主持十幾年，發現越來越多外國人都有吃素的習慣，而且素食文化有年輕化的趨勢，素食主義不僅是一種生活方式，更是一種對生命、對環境的深刻反思與承諾。

自從認識了素食達人 Elvis，認知更多關於素食的知識和文化，尤其是他自出世而來已經是素食者，在素食界十分有影響力。本書正是為了那些在尋求健康和和諧的同時，也希望能夠對地球貢獻一份力量的素食達人而寫。

隨着研究不斷，顯示素食對於改善健康、減少心血管疾病、糖尿病與某些癌症風險的重要性。我自己也受 Elvis 影響，開始培養吃素的習慣，可能每星期有一至兩餐吃素。素食已經被證明能滿足人體所需的營養，也能促進更好的生活品質。在這個越來越重視可持續發展的時代，素食主義無疑是一條值得探索的道路。

我相信，透過這本書簡單易懂且美味的食譜，你將可以發掘素食的無限可能，並感受素食對身心的積極影響。為自己、為地球，選擇更健康、更可持續的生活方式。

旅遊達人

謝利 Jerry. C

推薦序 3

我的好朋友，好兄弟：

雖然我喜歡吃肉，但正正因為你堅持推廣低碳素食文化，把每道素菜烹調得有聲有色，從而令我開始嘗試低碳素食生活，減少吃肉、減少殺生，真真正正用生命影響生命。曾經嘗試過你親手烹調的番茄意大利麵，令我留下一個非常深刻的印象，往後在其他餐廳所品嘗的番茄意大利麵，再也不能感動到我的味蕾。

祝你的新書大賣！將素食文化宣揚到全世界，影響更多人！

王子健 Kenji Wong

@princekenjiwong

女友感言

Elvis，首先恭喜你！終於寫好了第三部作品！

跟你一起有五年多了，一路以來看着你慢慢進步，陪着你一起追夢，跟你一起生產醬料、素餃子，跟你一起素遊世界。我是超級欣賞你對素食文化的堅持和努力！看到你為每個食譜努力地鑽研，看到你為撰寫這部食譜書埋頭苦幹了無數個晚上。雖然你經常很忙，但我會在你背後默默支持和鼓勵！

作為你的「試菜專員」，我真的佩服你對食材的研究和創意，令我體驗到不一樣的味道！希望我繼續可以在你身旁給你意見和食後感，讓你有更多靈感創作不同作品！未來定必要為我、榛子和臭臭努力加油！希望我們繼續彼此鼓勵，追尋大家的理想，有一天我會坐在駕駛艙帶你飛到世界各地，而你在世界各地帶我品嘗不同的素食吧！：）

P.S 當然如果能為我創作一個蛋糕就更好了！哈哈！（笑）

你的試菜專員、永遠頭號粉絲

晞喬

2025 年

註

Elvis：「每個成功男人背後都有一個好好的女人！雖然我談不上是一個成功的男人，但我有一個體貼、細心、在我有需要時永遠第一時間站出來的好女朋友！謝謝你！：）」

自序

電視劇集經典名句：「人生有幾多個十年？」十年，的而且確可以發生很多事情。可以讓一個人思想、行為長大，可以讓一個地方由零開始被規劃起來變得繁榮。2015 年，我的第一本食譜著作登場，那時候我還是一個剛剛以「素食達人」自居的小伙子。胸懷一股推動素食文化的理想，懷着一腔幹勁創作食譜；拍攝介紹餐廳的 YouTube 片段；每天找不同餐廳試菜；每天到街市跟攤販們聊起來，説説食材，領教一下民間傳統煮食智慧。不斷的嘗試、成功、失敗再嘗試，高高低低成就了今天的素食達人、法國甜品師。就是當年看了一句「敢想、敢做、勇敢去做」就不斷努力追夢！如果今天要跟十年前的自己説一句話，我會説：「加油，堅持夢想，堅持努力，總會找到人生的意義！」

今天的素食達人 Elvis Chan，創作過香港第一個素食電視烹飪節目《追素解決師》；

第一個素食 KOL 拍攝保健品電視廣告；

第一個連續三屆成為「亞洲素食展」官方素食大使；

第一個素食 KOL 廚師跟上市公司合作創作環保料理……

很多很多的第一次，也在這十年間發生。

有時候，收到粉絲的感謝訊息，也特別令我窩心！還記得 Covid 期間，有位參加 online 煮食班的粉絲的女兒，專程 message 向我致謝，因為我分享的素食西餐別具特色，讓她那位本來只懂煮中式素食的媽媽第一次做西式素食給她吃，而且她很喜歡那個味道；更特別是其實她媽媽患了重病，卻仍堅持學習煮飯給她，讓她們有一個難忘的回憶，所以特意感謝我。我真的特別感動，原來自己一直在做的事情可以有這樣的影響力，「以生命影響生命」，讓我堅持繼續做正確的事情！

這十年來，還要特別感恩每一個合作單位及夥伴，沒有你們也沒有以上的事情發生，也沒有讓素食文化、綠色文化變得更 popular 的可能！真的很感恩！素食文化在這十年的變化實在太大，透過各個單位、朋友傾力加油，讓很多餐廳增加了素食選擇、很多產品使用植物性材料製作、更多人加入成為素食者等。我相信，未來十年，一定一定，素食文化會變得更好！

作為一個創作人，我很享受由零開始創作的體驗，所以今次這部著作，我堅持部分照片由我自己操刀，一邊構想、一邊創作、一邊設計食譜、一邊處理食材、一邊照顧拍攝時的畫面，雖然很吃力，但當排版完成看到成品出來的時候，那種滿足感確實非筆墨可以形容。這部作品集結了十年來的功力和想法，由淺入深介紹素食的種類、文化、食譜及貼士，希望你們看畢後，也對素食文化有更深一層的認識！

至於在未來的推廣路上，我會繼續保持初心，努力做更多好的內容給大家！下一個十年，大家跟我一起見證吧！

素食達人

Elvis Chan

2025 年

目錄

CHAPTER 1

零失敗 30 分鐘素食料理

CHAPTER 2
新派創作家常素菜

Elvis 素食分享

CHAPTER 3
素遊風味之旅

CHAPTER 4

法式純素甜品

純素烘焙

Elvis 素食分享

家常必備調味品 8 選

在我的家用廚櫃中，必備以下八款調味料及醬料，以天然食材之香氣及鮮味，提升素食的口味層次，點綴純素滋味。

頭抽醬油 Premium Soy Sauce

稱為生抽頭道或頭道生抽，是一種品質極高的中式醬油，取自醬油釀製過程的第一道壓榨醬汁。頭抽醬油未經多次加工，因此保留了天然的醬香和鮮味，味道比普通醬油更濃郁、清香。

頭抽醬油的製作過程以高品質黃豆和小麥為主要原料，經過發酵和釀製後，將第一次壓榨的醬液直接收集而成。第一道壓榨的醬油保留了最純淨、濃縮的風味。天然釀製的頭抽，通常不添加過多化學調味劑，呈現自然色澤和香氣。由於只有一次壓榨，產量有限，所以頭抽被認為是醬油的精品。菜式添加了頭抽醬油，比使用一般醬油更鮮味可口。

素食蠔油 Vegetarian Oyster Sauce

是一種以香菇及植物性材料製成的調味醬，模仿傳統蠔油的濃郁和甘甜味道，非常適合炒菜、燉煮、醃製食物和製作醬料，能增添食材的鮮味和光澤，特別廣泛應用於中式素食烹調，由於素食蠔油香氣濃郁、味道層次豐富，是中式素食菜式調味不可或缺的一環。在有些西式烹調食譜，我也用上素蠔油作調味點綴。

香菇粉
Mushroom Powder

是一種濃縮的調味料，由乾燥香菇研磨而成，帶濃郁的菇類鮮味。香菇粉作為天然增鮮劑，能提升菜餚的整體風味，適合用於製作不同種類的素食菜式，用途如雞粉一樣，烹調成湯、燉菜、炒菜、炒麵及炒飯皆可。香菇粉便於儲存，毋須額外處理，是素食和健康烹調的理想選擇，富含多種營養成分如維他命 D 和抗氧化劑。

味醂
Mirin

是一種帶微甜味的日本調味料，由糯米及穀物發酵製成，帶淡淡的酒香和甜味。味醂廣泛用於湯品、燒烤和醬汁，以提升層次感，令味道更圓潤及平衡。此外，味醂能為食物增添自然的光澤，特別製作照燒醬、壽喜燒和煮物時，是不可或缺的調味料。

味噌
Miso

用大豆、米麴和鹽經發酵製成的濃稠糊狀調味料，具有濃郁的鮮味和鹹香，是日本飲食的基石之一。味噌常用於製作湯品、醬料和醃料，除了增強菜餚的鮮味，並可添加深厚風味。根據發酵時間和成分不同，味噌分為白味噌、赤味噌等多種，適合不同的烹調風格。味噌做成湯品外，亦可加入豆奶製成素食豬骨湯底，配以拉麵食用風味十足！

花椒油
Sichuan Peppercorn Oil

是一種以花椒為主要材料製成的調味油，具有辛香和麻感，是川菜的靈魂調味品。花椒油適合用於拌菜、涼拌、熱鍋和炒菜烹調，為菜餚帶來獨特的香麻風味。花椒油使用方便，能迅速提升食材的層次感，特別適合用於辣味料理。如製作辣味意大利粉，不妨試試加入幾滴花椒油，瞬間提升風味和層次感！

意大利黑醋
Balsamic Vinegar

也稱為巴薩米克醋，是一種源自意大利北部艾米利亞 - 羅馬涅大區（Emilia-Romagna）的高級醋品，以濃郁的甜酸風味聞名。傳統黑醋主要由當地出產的白葡萄（通常是特雷比奧羅品種）壓榨後的汁液製成，經長時間熟成和陳釀，獲得獨特的風味和質感。意大利黑醋可用於製作純素沙律醬、伴以植物肉提升鮮味、上碟裝飾或酌加於乳酪、雪糕以提升味道。

意大利青醬
Italian Pesto

是一種由羅勒、松子、蒜頭、巴馬臣芝士和橄欖油混合而成的濃稠醬料，帶有鮮明的草本香氣和奶香味。意大利青醬最常用於意大利粉、Pizza 等，也可作為麵包抹醬、沙律調味料或醃料。青醬鮮亮的風味成為意大利菜的經典調味品，適合搭配多種食材。我經常選用新鮮食材製作成青醬，密封貯存於玻璃瓶，適時點綴菜式。

常用的香草及香料

我喜歡在純素菜式或甜點，加入天然的草本香氣及濃郁的香料辛香，頓時令純素意粉、烤肉及咖喱等生色不少。你也來認識一下香草及香料的天然「味」力吧！

香草類

羅勒
Basil

是一種廣泛使用的草本植物，帶濃郁微甜的香氣，常用於意大利菜系如青醬、薄餅和意大利粉。羅勒的香味來自於其芳香油，特別適合搭配番茄、水牛芝士和橄欖油。羅勒種類繁多，常見的有甜羅勒（Sweet Basil）、泰國羅勒（Thai Basil）、檸檬羅勒（Lemon Basil）等。新鮮的羅勒葉可用於沙律、飲品和意式菜餚，增添清新的風味。乾燥的羅勒常作為調味料，加添菜式深層的香氣。此外，羅勒被認為具有抗氧化和消炎作用，對健康有益。

百里香
Thyme

帶有木質和微微的辛香，常用於燉煮菜餚、湯品及燒烤，其獨特的香味能提升蔬菜的味道。百里香耐高溫，適合長時間烹煮釋放豐富的香氣，常用於以蔬菜作為基底醬汁的意大利粉、普羅旺斯燉菜等。百里香富含抗菌特性，傳統上用於治療感冒和咳嗽。

迷迭香
Rosemary

以針狀葉片和濃郁的松香味聞名，常用於調味烤肉和薯仔等菜式，在素菜烹調中特別適合加入植物肉同煮，亦用於烤焗薯仔菜式，帶出驚喜的味道。迷迭香適合用於高溫烹調，其芳香氣味在烘烤或燉煮時更加濃郁。此外，將迷迭香置於水中浸泡，可製成有助排毒的 Detox Water。迷迭香被認為有促進記憶力和血液循環的好處，並具有抗氧化特性。

蒔蘿
Dill

又稱為刁草，帶輕盈的草本香氣和甜味，是忌廉醬汁菜餚的經典搭配，尤其是煙燻蔬菜或製成凍湯，能夠提升香味。蒔蘿的嫩葉常用於沙律和乳酪調味醬，增添清新的味道。蒔蘿籽具有辛辣和甘草味，適合用於醃漬品或燉菜。

番茜
Parsley

分為平葉和捲葉兩種，味道清淡，帶有一絲胡椒的辛辣感，常用作菜式點綴和增添色彩，能平衡菜餚的濃烈味道。此外，番茜富含維他命 C、K 和抗氧化劑，對健康十分有益。我經常以番茜作為擺盤裝飾，只要加入新鮮番茜碎，菜式賣相變得更吸引！

香料類

孜然粉
Cumin Powder

味道濃郁、溫暖，帶有堅果和土壤的香氣，廣泛應用於印度、地中海和中東料理，如咖喱、燉菜和烤肉，還作為醃料為食材注入獨特的深沉香氣，孜然粉是地道小食「土匪雞翼」的主要香料之一。此外，孜然粉具有助消化和抗炎的功效。

薑黃粉
Turmeric Powder

以明亮的金黃色和濃郁的味道著稱，常用於咖喱、燉菜和湯品，不僅能增添色彩，還具有抗炎和抗氧化的特性，被視為健康的超級食物。在純素烘焙中，薑黃粉可代替雞蛋作為上色作用，其主要成分薑黃素有助於增強免疫力、改善關節健康。

甜椒粉／煙燻甜椒粉
Paprika/ Smoked Paprika

具有微甜和泥土的香氣，是烹調的百搭香料，用於燉煮、烤焗植物肉或醃製，能為菜餚增添顏色和溫和的味道。煙燻甜椒粉帶有濃郁的煙燻味，適合提升燒烤或燉菜的香氣層次。這兩款甜椒粉也是我喜歡作為菜式點綴的食材之一。

八角
Star Anise

是亞洲烹調的重要香料，具有濃郁的甘草香氣，常用於燉煮植物肉和湯品，如滷肉、紅燒或與五香粉混和使用。八角用於製作甜點和飲品如八角茶，能增添香甜氣息。此外，八角有助舒緩消化不良和減輕咳嗽等症狀。

黑胡椒
Black Peppercorn

是最普遍的香料之一，具有辛辣和溫暖的香氣，用於增強菜餚的深度和層次。現磨黑胡椒的香氣更加濃郁，適用於湯品和醬汁。黑胡椒能促進消化和增強食慾，是不可或缺的調味品。

肉桂粉
Cinnamon Powder

有着甜美、辛香的氣味，是製作甜點的經典調味料，如蘋果批、肉桂卷和熱飲等。肉桂粉多用於咖喱和燉煮菜式，以增添層次感。肉桂粉還被認為有助穩定血糖，促進血液循環健康。

喜馬拉雅山岩鹽
Himalayan Pink Salt

是一種天然的礦物鹽，以其迷人的粉紅色和豐富的礦物質含量而聞名。它主要產自巴基斯坦的喜馬拉雅山區，特別是旁遮普省的卡赫拉鹽礦（Khewra Salt Mine），這是世界上最古老、最大的鹽礦之一。

喜馬拉雅山岩鹽呈粉紅色至橙紅色，此因其含有微量的鐵氧化物（氧化鐵）。與普通精製鹽不同，岩鹽未經化學加工，保留了多達80多種微量礦物質，如：鐵（增添顏色與營養）；鈣、鎂（支持骨骼健康）；鉀（幫助維持體液平衡）。

健康植物性食油推薦

在追求健康飲食的過程，選擇合適的植物性食油最為重要。植物性食油除了增添菜餚的風味，還能提供多種健康益處。我經常選用的植物油包括橄欖油、牛油果油、葡萄籽油、葵花籽油、亞麻籽油等，各有好處和營養。

橄欖油 Olive Oil

是地中海飲食的核心，含有豐富的單元不飽和脂肪酸（如油酸），有助降低壞膽固醇（LDL），提升好膽固醇（HDL），保護心血管健康。此外，橄欖油還含有抗氧化劑（如多酚和維他命 E），減少細胞損傷，具有抗炎特性。其抗氧化和抗炎作用對於預防慢性疾病（如動脈硬化和癌症）很重要。

根據不同的製作過程，橄欖油主要分為以下幾種類型：

1. 特級初榨橄欖油（Extra Virgin Olive Oil）

這是最高品質的橄欖油，通過冷壓提取，保留了最多的營養成分和天然風味。它富含單元不飽和脂肪酸、抗氧化劑（如維他命 E 和多酚），有助降低心臟病風險，改善膽固醇水平，並具有抗炎作用。

2. 初榨橄欖油（Virgin Olive Oil）

通過冷壓提取油分，品質略低於特級初榨橄欖油，保留了一定的營養價值，適合日常烹飪。

3. 精製橄欖油（Refined Olive Oil）

經過精製處理，味道較輕，適合高溫烹調，但其營養成分相對較少。

橄欖油的健康益處包含有助心臟健康、抗氧化、促進消化和改善皮膚健康。橄欖油用於沙律醬、炒菜或在菜式湯品上點綴，能夠帶出菜式的香味！此外，將橄欖油置密封玻璃瓶，加入不同香料如辣椒、檸檬、鼠味草等浸泡，做出風味各異的橄欖油，可烹調不同的菜式。

牛油果油
Avocado Oil

因其獨特的營養成分和多樣性用途，是近年被廣泛關注的健康植物性食油。牛油果油富含單元不飽和脂肪酸（尤其油酸），對心臟健康非常有益。牛油果油含有豐富的維他命 E、K 和抗氧化劑，有效對抗自由基，減少氧化壓力。

牛油果油的煙點較高，適合用於煎、炒、烤等高溫烹調，其柔和的味道不會掩蓋食材的本味，可用於沙律醬、醬汁或作為抹醬，增添菜式的風味。

葡萄籽油
Grapeseed Oil

葡萄籽油富含多元不飽和脂肪酸（主要是亞油酸），有助降低壞膽固醇和促進心血管健康，也含豐富的維他命 E 和抗氧化劑，對抗自由基，延緩老化。葡萄籽油的味道清淡、煙點高，適合多用途烹調。

葡萄籽油的清爽特性非常適合製成沙律醬、健康版蛋黃醬或輕炒蔬菜。由於味道清淡，也特別適用於烘焙，賦予麵糰柔軟的質地而不影響甜點的風味。此外，可用於烤製素食 Pizza、千層麵和各種燉菜等。

葵花籽油
Sunflower Oil

富含多元不飽和脂肪酸和維他命 E，有助改善心臟健康，促進皮膚光滑與彈性，其含有植物固醇，有助降低膽固醇。它的清淡味道和高穩定性，成為烹調和烘焙的理想選擇。

葵花籽油適合製作輕盈的沙律醬、餅乾、蛋糕或麵包，特別對於需要無明顯油脂風味的食譜；用於炒菜或烤製薯條，可保持清爽的口感和香氣。

亞麻籽油
Flaxseed Oil

是 Omega-3 脂肪酸（a- 亞麻酸，ALA）的豐富來源，對於促進腦部健康和心血管功能非常重要。亞麻籽油含有植物性纖維素，能促進腸道健康，並有抗炎作用，其營養特性對素食者尤為重要，是補充 Omega-3 的絕佳選擇。

由於亞麻籽油耐熱性差，通常用於涼拌沙律、凍湯或沙冰，可加入不同食材製成沙律醬或烘烤蔬菜，能夠提升風味。亞麻籽油避免高溫烹調，以免破壞其營養價值。

10款優質超級食物

很多人擔心素食者營養不足，其實很多「超級食物 Superfood」都是素食材料——穀物、水果、堅果及蔬菜，懂得選吃優質超級食物，還用擔心素食營養的問題嗎？

1 藜麥 Quinoa

是一種古老的全穀類食物，原產於南美洲，因其高營養價值而被稱為「超級食物」。藜麥富含完整蛋白質、九種必需氨基酸，特別適合素食者。藜麥還含有豐富的纖維、維他命B雜、鎂和抗氧化劑，有助於促進消化、穩定血糖和增強心臟健康。藜麥的烹調方式多樣化，可製作沙律、湯品或主食，口感柔軟並略帶堅果香味。

2 藍莓 Blueberry

被譽為「超級水果」，因其富含抗氧化劑，尤其是花青素，有效對抗自由基，減少氧化壓力。藍莓還含有豐富的維他命C、K和膳食纖維，有助增強免疫系統、改善心血管健康和促進消化。研究顯示，藍莓有助於提高記憶力和認知功能，對抗衰老。藍莓可作為水果吃，又或加入燕麥粥、果昔（Smoothie）或烘焙食品，增添天然的甜味和色彩。

3 綠茶 Green Tea

綠茶是一種未經發酵的茶葉，富含抗氧化劑，特別是兒茶素，對健康有多重益處。研究表明，綠茶有助於提高新陳代謝，促進脂肪燃燒，並可能降低心臟病和某些癌症的風險。綠茶還能增強免疫系統，改善腦部功能，有助減少焦慮和壓力。飲用綠茶不僅能享受其清新的口感，作為健康的飲品也是不錯的選擇，適合日常飲用。

4 奇亞籽 Chia Seeds

是一種顆粒細小、營養豐富的種子，富含 Omega-3 脂肪酸、纖維和抗氧化劑。奇亞籽能吸收多倍於自身重量的水，形成凝膠狀，有助增加飽腹感，適合減肥和控制血糖人士。奇亞籽含有鈣、鎂和磷等礦物質，對骨骼健康有益。建議將奇亞籽添加至果昔、燕麥粥、沙律或烘焙食品，增添口感和營養，易於融入日常飲食當中。

5 堅果 Nuts

堅果如杏仁、核桃和腰果等，富含健康的單元不飽和脂肪、蛋白質和纖維，對心臟健康非常有益。研究顯示，定期食用堅果可降低壞膽固醇（LDL）水平，減少心臟病風險。堅果還含有多種維他命和礦物質，如維他命 E、鎂和抗氧化劑，有助抗炎和增強免疫系統。堅果可以作為健康小吃，或加添至沙律、燕麥粥和烘焙食品，亦可代替芝士作為純素芝士，增添風味和口感。

6 菠菜 Spinach

是一種豐富營養的綠葉蔬菜，富含維他命 A、C、K 和鐵質，對增強免疫系統和骨骼健康非常有益。菠菜含有抗氧化劑，如類胡蘿蔔素和葉綠素，有助對抗自由基，減少氧化壓力。菠菜的纖維含量高，有助促進消化和維持腸道健康。菠菜可生吃、蒸煮或加入湯品、沙律和意粉，適合運用於各種烹調菜式中，增添營養和口感風味。

7 豆類 Legumes

如黑豆、鷹嘴豆和扁豆等，富含蛋白質和纖維，是素食者的重要蛋白質來源。豆類還含有多種維他命和礦物質，如鐵、鋅和葉酸，有助增強免疫系統和促進心臟健康。豆類低升糖指糖的特性，有助於穩定血糖，適合糖尿病人士。豆類可用於煲煮素湯、沙律、製作漢堡扒或主食，口感豐富，營養價值高，易於融入各種菜餚。

8 牛油果 Avocado

是一種富含單元不飽和脂肪的水果，對心臟健康非常有益，也含豐富的纖維、維他命E、K和鉀，有助降低壞膽固醇（LDL）和促進血壓健康。牛油果的健康脂肪，有助提高其他脂溶性維他命吸收，對皮膚和頭髮健康很有裨益。牛油果可生吃、製成牛油果醬、配成沙律或製成墨西哥菜，口感順滑，風味獨特。

9 亞麻籽 Flaxseeds

是一種顆粒細小、營養豐富的種子，富含 Omega-3 脂肪酸、纖維和抗氧化劑。亞麻籽對心臟健康有益，能降低膽固醇和改善血糖水平。亞麻籽的纖維有助促進消化，增強飽腹感，適合減肥人士食用。建議將亞麻籽磨成粉末，加添於果昔、燕麥粥或烘焙食品，增添營養和食用口感，非常容易融入日常飲食。

10 天貝 Tempeh

是一種發酵的豆製品，主要由大豆製成，富含蛋白質、纖維和多種維他命（如維他命B_{12}）及礦物質。由於天貝進行了發酵過程，使人體更易於消化，並含有益生菌，有助於腸道健康。天貝的口感堅韌，味道濃郁，適用於炒菜、燉煮或製成漢堡扒，增添風味和營養。作為素食者的蛋白質來源，天貝是一個非常好的選擇，適合應用於多款烹飪方式。

高植物蛋白質食物

除了攝取肉類蛋白質，植物性食物同樣蘊含豐富蛋白質營養，能夠補充素食人士的蛋白質需要，維持身體均衡營養。

豆腐
Tofu

以黃豆為主要原料，透過浸泡、研磨、濾漿及凝固等工序，製成傳統的植物蛋白質食物。每 100 克豆腐含約 10 克蛋白質，脂肪含量低，是素食者補充蛋白質的理想選擇。豆腐含有完整的必需氨基酸，易於消化吸收，還含有豐富的鈣、鐵和鎂等礦物質。

豆腐口感細膩，味道溫和，能夠很好地吸收調味料的香氣，適用於多種烹調方式，如煎、炒、燉、蒸或涼拌。軟豆腐適合製作湯品和甜點；硬豆腐則適合煎炸或烘烤，變化多端。

鷹嘴豆
Chick Pea

是一種高纖維、高蛋白質的豆類，每 100 克乾鷹嘴豆含約 19 克蛋白質，雖然煮熟的蛋白質含量稍低，但仍具豐富的營養價值。其高纖維量有助促進消化健康；低脂肪、高碳水化合物的特性成為理想的能量來源。

鷹嘴豆是地中海、中東和南亞菜式的主角，經常製作鷹嘴豆泥（Hummus）、咖喱、燉湯或沙律。煮熟後的鷹嘴豆口感細膩，略帶堅果香味，可烘烤成零食或磨成粉製作無麩質麵包。浸泡鷹嘴豆的水因含大量蛋白質，亦可作為純素蛋白材料。此外，鷹嘴豆富含鐵、鎂和維他命 B_6，有助增強免疫力和支持能量代謝。

扁豆
Hyacinth Bean

一種營養豐富的豆類，每 100 克煮熟的扁豆提供約 9 克蛋白質，並含豐富的膳食纖維、鐵和葉酸，是植物性飲食中不可或缺的健康食品。扁豆有多種顏色，如綠色、紅色、啡色和黑色，風味和口感上略有不同，但均適合燉煮和湯品菜餚。扁豆的烹調時間比其他豆類較短，且毋須預先浸泡。

除了作為蛋白質來源，扁豆還含有抗氧化劑和多酚，有助減少炎症、支持心血管健康。扁豆常被用於印度咖喱或西式餐湯，最適合搭配米飯或麵包享用，既美味又營養健康。

黑豆
Black Bean

一種低脂肪、高蛋白的豆類，每 100 克乾黑豆含約 15 克蛋白質，富含纖維和抗氧化劑。深色的黑豆來源於花青素，是一種強效抗氧化劑，有助減少自由基損傷、支持心血管健康。黑豆的味道濃郁、帶有淡淡的甜味，是墨西哥、加勒比和南美料理的主要食材，常用於製作辣豆醬、黑豆湯或與米飯搭配。煮熟的黑豆口感軟糯，作為沙律或素食漢堡的主要材料。此外，黑豆富含鐵、鎂和鉀，有助於增強能量代謝和支持骨骼健康，是營養均衡飲食的一部分。

毛豆
Edamame

是黃豆未成熟的嫩莢，每 100 克毛豆含約 11 克蛋白質，脂肪含量低、富含纖維，是一種健康的零食和配菜。毛豆是亞洲料理常見的食材，通常以鹽水煮熟或蒸熟食用，味道鮮甜，口感細膩。毛豆的用途多樣化，除了作為零食，還可加入湯品、沙律或炒飯，提升菜餚的營養價值。

毛豆不僅是蛋白質的來源，也富含葉酸、維他命 K 和多種礦物質（如鎂和鉀），有助支持骨骼健康，降低血壓。此外，毛豆的異黃酮被認為具有抗氧化和調節激素的作用，特別適合維持女性健康需求。

藜麥
Quinoa

每 100 克煮熟的藜麥提供約 8 克蛋白質，是植物界少數含有全部九種人體必需氨基酸的食品之一。藜麥不含麩質，適合麩質敏感人士，富含纖維、鐵和鎂等營養素，有助促進消化道健康，支持能量代謝。藜麥的口感柔軟，帶微微的堅果風味，是沙律、湯品、粥品或主食的理想選擇。烹調藜麥的時間較短，適合快速健康的餐點。不同顏色的藜麥（白、紅、黑）在口感和用途上略有差異，但同具有出色的營養價值，是均衡飲食的完美補充。

奇亞籽
Chia Seeds

是一種富含蛋白質的種子，每 100 克奇亞籽提供約 17 克蛋白質。奇亞籽的特點是吸水性極強，能形成凝膠狀結構，常製作布甸、果昔或作為天然增稠劑；其味道非常淡，可以輕鬆搭配各種甜味或鹹味菜餚。

奇亞籽富含 Omega-3 脂肪酸、纖維和抗氧化劑，有助支持心血管健康和促進腸道功能。因為奇亞籽能提供持久的能量來源，所以也是運動員的理想食品。此外，奇亞籽磨成粉可用於烘焙無麩質食品，增加其營養價值。

南瓜籽
Pumpkin Seeds

是一種營養豐富的堅果類零食，每 100 克南瓜籽提供約 19 克蛋白質，並富含鎂、鋅和抗氧化劑。南瓜籽的堅果香味濃郁，口感酥脆，是一種便攜的健康零食，常用於點綴沙律、烘焙麵包或加入穀物早餐，增添風味和營養。南瓜籽含有豐富的色氨酸和多種維他命，其健康益處包括支持心臟健康、改善睡眠和增強免疫力。南瓜籽油被用於調味料和美容產品，展現了其多功能性。經過輕度烘烤的南瓜籽，食味最佳，同時保留其營養成分。

核桃
Walnut

是富含植物蛋白和健康脂肪的優質堅果，每 100 克核桃提供約 15 克蛋白質。核桃的 Omega-3 脂肪酸含量高，有助支持腦部功能和心臟健康，是大腦食品的代名詞。核桃味道濃郁，帶有一絲天然的苦澀感，非常適合加入烘焙食品、沙律或麥片中增添風味。核桃富含抗氧化劑、多酚和膳食纖維，有助抗炎和減少氧化壓力。每日適量食用核桃能提升整體健康，特別對素食者來説，既補充蛋白質又能獲取優質脂肪。

螺旋藻
Spirulina

是一種淡水藻類，被譽為「超級食物」，每 100 克乾螺旋藻粉末含約 57 克蛋白質，是所有植物性食品中蛋白質含量最高之一。螺旋藻是一種完整蛋白質來源，含有全部必需氨基酸，富含維他命 B_{12}、鐵和抗氧化劑，還有抗炎和支持免疫功能的特性，是一種極佳的植物性營養補充劑，非常適合高營養需求人士。

螺旋藻經常以粉末形式添加於果昔、能量棒或湯品，也可用於烘焙食品。螺旋藻的風味略帶海藻味，但容易被其他食材的味道掩蓋。

Elvis Chan

輕便簡單的素食，
為生活帶來一抹樸實的幸福感，
注入健康的元素，元氣滿滿！

CHAPTER 1

零失敗
30分鐘素食料理

純素

三杯九層塔野菌天貝

這是一道融合了台灣經典風味與創新素食元素的菜式。以醬油、味醂、麻油作基礎，搭配近年流行富高蛋白質營養天貝片，加上既清新又有內涵的九層塔，吃過一次我便愛上。

做法

1. 下油熱鍋，放入天貝塊，灑上岩鹽，將天貝兩邊煎成金黃色。
2. 放入三色燈籠椒、冬菇、雞髀菇、金菇及豆乾，加入少許油拌炒。
3. 以麻油、素蠔油及味醂調味，炒至醬汁掛在材料，熄火。
4. 加入九層塔葉拌勻，最後灑上已烘焙的芝麻即成。

材料

天貝 ………………… 1 塊（切塊）
三色燈籠椒 ….. 各 1 個（切件）
冬菇 ………………… 2 朵（切片）
雞髀菇 ……………… 1 個（切件）
金菇 ………… 1/4 包（切成三段）
豆乾 ………………… 1 塊（切條）
九層塔葉 ………………… 10 克
熟芝麻 ……………………1 茶匙

調味料

麻油 …………………… 1 湯匙
素蠔油 …………………2 湯匙
味醂 ……………………2 湯匙
岩鹽 …………………1/2 茶匙

素食 TIPS

- 天貝由黃豆製成，含有豐富的蛋白質及優質氨基酸，天貝的可塑性很高，適合應用於不同風格的菜式。
- 用不完的天貝用密實袋包裹好，放進冰箱保存。
- 熄火後才加入九層塔，以免葉子變黑及帶苦味。

傳統墨西哥菜式使用多種豆類作為食材，搭配植物肉醬能提升營養，方便讓素食者在補充蛋白質的同時，可享用美味的菜式。這道釀大貝殼粉的搭配最適合派對時跟好友分享。

純素

墨西哥辣肉醬釀貝殼粉

素食 TIPS

植物肉碎需預先進行解凍，可於烹調前一天由冰箱移放至雪櫃內；或於使用前浸泡水中解凍。

做法

1. 燒熱水 500 毫升，放入貝殼粉及橄欖油，依包裝袋的建議時間煮 10-15 分鐘，盛起，瀝乾水分。
2. 下油熱鑊，加入蘑菇片炒香，放入番茄碎、紅腰豆、鷹嘴豆及植物肉碎炒熟。
3. 灑入岩鹽、黑胡椒碎及辣椒仔，加入純素芝士煮至肉醬濃稠。
4. 待涼，將肉醬釀入貝殼粉即成。
5. 或可灑上芝士，放入焗爐以攝氏 180 度焗約 10 分鐘至芝士成金黃色，趁熱享用。

材料

番茄..................1 個（切粒）
番茄醬......................3 湯匙
蘑菇..................3 個（切片）
紅腰豆.......................30 克
鷹嘴豆.......................30 克
植物肉碎 ....100 克
純素芝士碎 ....30 克
貝殼粉.......................80 克
橄欖油......................3 湯匙

調味料

岩鹽........................1 茶匙
黑胡椒碎 ....1 茶匙
辣椒仔......................2 茶匙

純素

日式浦燒素鰻魚（茄子）

二〇一八年，跟家人到京都旅遊時第一次吃到用茄子做成「鰻魚」壽司，讓我們深深留下印象。回港後，我反覆試做，醬汁調配多次，做出這個口感和味道豐富的素鰻魚。希望你也吃出京都風味！

做法

1. 原條茄子隔水蒸約 8-10 分鐘，盛起。
2. 將茄子頂部切去，切成兩段，每段直切開（但不要切斷），略攤開。
3. 下植物油熱鑊，放入茄子，兩邊煎香。
4. 燒汁料混合，加入平底鑊內，待兩邊茄子吸收醬汁。
5. 把紫菜鋪在茄子上，上碟後灑上白芝麻及七味粉即成。

材料

茄子............................1 條
白芝麻......................1 茶匙
七味粉......................1 茶匙
植物油......................2 湯匙
紫菜..........................1 大片

燒汁料

醬油..........................1 湯匙
味醂..........................1 湯匙
蜜糖或楓糖 ....1 湯匙
麻油..........................1 茶匙

素食 TIPS

- 要令素鰻魚像真度高，秘訣在於蒸熟後的茄子要輕力切下，輕力翻煎茄子，以免弄斷。煎香後帶焦香，鋪上紫菜片後，仿似真鰻魚上碟模樣。
- 耐心地煎香茄子，加入燒汁後必須注意火候，以免茄子容易燒焦。

我天生就是素食者

數數手指，由出生至今我吃素已有超過三十多年了。由於媽媽是佛教徒的原因，所以在她肚子裏，我已經是吸收素食營養。出生時，足足達 9 磅重（誰說女士懷孕吃素會影響寶寶？）由到達這個世界開始，我吃的全是植物性食材、蔬菜。喝的是選用不同豆類、果仁煮成的湯水……

與肉類唯一的零距離接觸

天生是素食者的我，好記得唯一一次與肉類「零距離」接觸的一剎那，是就讀幼稚園初班。老師忘了我是素食者，在提供茶點時給我一片肉，當我放進口裏就立刻吐出來！這個震撼的畫面，由 3 歲開始保留到今日，大概是除了上幼稚園第一天、上音樂堂老師彈琴我唱歌、第一次校內失禁，以及畢業時上舞台表演之外，其中一個最難忘的幼稚園兒時回憶。這一剎那間，讓我覺知自己不太喜歡「肉味」。或許這一次，證實了我對味道有多敏銳，讓我今日成為一個素食廚師和法式甜品師。

社交沒障礙，反成校內話題人物

直到升上小學和中學，我完全沒有隱藏素食者的身份；反而很自豪地跟朋友說我是素食者。很多家長擔心子女在校吃素可能零社交、無朋友，我想說的是：「絕對不會！反而能令你成為別人覺得有趣的人！」那時候，

我會主動向同學介紹甚麼是素食？為甚麼我會吃素？甚至找些素食餐廳帶朋友一起試試，反而令我成為班中的焦點！（也許這樣，令我同時很享受舞台上演出！）正因為圈子越來越大，朋友也越來越多，正好當時流行 Facebook，我開設了「素食達人」專頁，現在更成了我的職業及終生推動的任務呢！

發育時期有影響？

絕對絕對……不會！

「你覺得我小時候，腰圍最肥的有多少吋？」這是我經常問大家的問題。

「37 吋！」

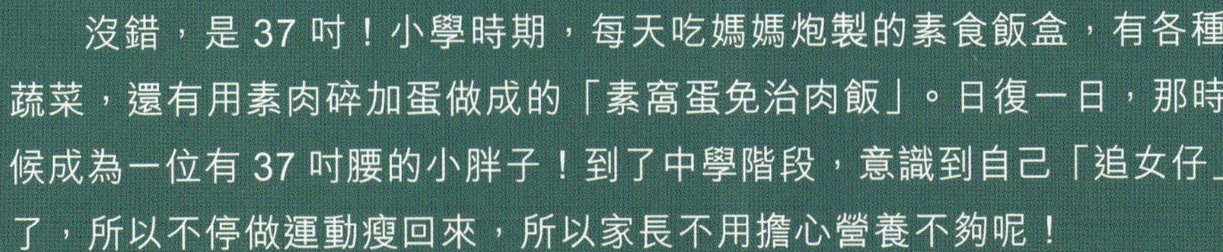

沒錯，是 37 吋！小學時期，每天吃媽媽炮製的素食飯盒，有各種蔬菜，還有用素肉碎加蛋做成的「素窩蛋免治肉飯」。日復一日，那時候成為一位有 37 吋腰的小胖子！到了中學階段，意識到自己「追女仔」了，所以不停做運動瘦回來，所以家長不用擔心營養不夠呢！

其實，只要懂得飲食上的配搭，加上日常多做運動及補充所需營養，素食者同樣可以生活健康！特別是現今資訊發達，營養補充品各適其適、Superfood 大行其道的 21 世紀，植物性飲食已經是健康飲食的大方向！讀畢此書，相信你也會感覺到素食的不一樣！

純素

泰式植物肉碎生菜包

泰式生菜包一直是大多數人最喜愛的泰菜之一，加入植物豬肉提升口感層次！素魚露的鹹鮮味道亦是關鍵，搭配檸檬葉、香茅等，讓我一口接一口享受這異國風情。

做法

1. 冬菇、指天椒、豆乾、燈籠椒及香茅切成粒；檸檬葉切成絲。
2. 植物豬肉解凍，放於碗內，加入胡椒粉及岩鹽醃約 5 分鐘。
3. 葡萄籽油放入熱鑊，下燈籠椒粒及冬菇粒炒香，再加入指天椒粒、香茅粒、豆乾粒及醃好的植物豬肉碎。
4. 以素魚露、素蠔油及少許水調味，炒至乾身，最後加入檸檬葉絲以慢火炒勻。
5. 生菜逐片撕下，洗淨，並置於碟上；將炒好的材料以生菜包吃。

材料

植物豬肉 .... 100 克
指天椒 .... 1 隻
冬菇 .... 4 朵
豆乾 .... 3 塊
紅燈籠椒 .... 1 個
黃燈籠椒 .... 1 個
香茅 .... 1 枝
檸檬葉 .... 3 片
生菜 .... 1 個
葡萄籽油 .... 1 湯匙

醃料

胡椒粉 .... 1 茶匙
岩鹽 .... 1 茶匙

調味料

素魚露 .... 1 茶匙
素蠔油 .... 1 茶匙

素食 TIPS

- 香茅只取中間莖部位置，頭尾兩端去除；莖部略拍可散出香氣。
- 植物肉碎需預先進行解凍，可於烹調前一天由冰箱移放至雪櫃；或於使用前浸泡水中解凍。

Shakshuka 是一道源於北非和中東的傳統料理，因其色彩繽紛的番茄醬和香煎雞蛋而受到廣泛喜愛。關鍵在於孜然粉和甜椒粉提升了味道的層次，搭配麵包、米飯或麵條，或單獨享用也極具風味。

蛋奶素

Shakshuka 北非野菜烘蛋

素食 TIPS

- 可隨個人喜好加入芝士或純素芝士，味道更佳。
- 製作番茄醬時，只需取下百里香葉子便可，根莖不用。

材料

紅燈籠椒........1 個（切粒）
黃燈籠椒........1 個（切粒）
秋葵..............2 條（切粒）
新薯..............1 個（切粒）
雞蛋........................2 個
番茜.................... 1 湯匙
橄欖油................. 1 湯匙

調味料

甜椒粉................. 2 茶匙
孜然粉................. 1 茶匙
岩鹽.................... 1 茶匙
黑胡椒碎 .... 1 茶匙

番茄醬

番茄..............1 個（切件）
橄欖油................. 3 湯匙
新鮮百里香葉 .... 1 湯匙
新鮮羅勒葉 .... 1 湯匙
岩鹽.................... 1 茶匙
黑胡椒碎 .... 1 茶匙

做法

1. 番茄醬材料全放進攪拌機，打成醬汁，備用。
2. 下油熱鑊，加入薯仔粒及燈籠椒粒炒香，放入調味料炒勻。
3. 打進雞蛋，蓋上鍋蓋煮約 3 分鐘；開蓋後加入番茜碎食用即可。

Elvis Chan

意式開心果香草青醬

純素

近年，流行各式各樣的開心果美食，如開心果雪糕、開心果牛角包、開心果咖啡……等等。我想：「何不將開心果加入鹹食？」於是，誕生了這個食譜！個人覺得此醬較傳統青醬更具風味和性格，你又覺得如何呢？

材料

- 腰果 .... 30 克
- 開心果 .... 30 克（去殼）
- 松子仁 .... 30 克
- 新鮮羅勒葉 .... 50 克
- 新鮮番茜 .... 25 克
- 特級初榨橄欖油 .... 100 克
- 檸檬汁 .... 10 克
- 岩鹽 .... 1 茶匙
- 黑胡椒碎 .... 1 茶匙

做法

1. 腰果浸軟；松子仁放在白鑊烘烤至微焦。
2. 所有材料放進攪拌機，攪打成香草青醬，置於密封器皿，並加入適量特級初榨橄欖油，冷藏儲存。

素食 TIPS

- 松子仁不宜烘烤太久，至呈金黃色即可，否則帶苦澀味，影響青醬質素。

純素

意式香草青醬牛油果素帶子意粉

我經常想，在我們的素食世界裏有很多植物肉副產品種類，為何不試試把蔬菜食材來一場分子料理？杏鮑菇的造型、配搭及烹調方式，我想「帶子」這角色非它莫屬！

材料

雞髀菇.......................................1 個
意式開心果香草青醬 ....3 湯匙（見 p44）
牛油果.......................................1 個
車厘茄............................... 6 顆（開半）
意粉.. 50 克
純素牛油 .... 20 克
橄欖油.....................................1 湯匙

調味料

岩鹽..2 茶匙
黑胡椒碎 ....2 茶匙

做法

1. 雞髀菇切成圓塊狀，挖去中間的菇肉成「素帶子」。
2. 下油熱鑊，加入純素牛油、岩鹽及黑胡椒碎，放入「素帶子」煎至兩邊金黃色及熟透。
3. 燒滾水 500 毫升，煮熟意粉，盛起備用。
4. 牛油果去皮及果核，刮出果肉並用叉壓成牛油果蓉，並拌入意大利開心果香草青醬拌勻。
5. 下油熱鑊，放入車厘茄，灑入岩鹽及黑胡椒碎炒香，加入約 50 毫升煮意粉水，放入牛油果香草青醬、熟透意粉撈勻，煮至青醬掛汁。
6. 上碟後，放上煎好了的「素帶子」即成。

素食 TIPS

- 選牛油果的，建議選呈黑色，按下去感覺微微軟身的較佳。
- 炒車厘茄及意粉時，加入煮意粉水使醬汁容易掛在意粉。

純素

尼泊爾MOMO餃子

傳統的Momo餃子有蒸的，也有煎的，並搭配辣醬伴吃！這個菜式搭配的醬汁酸酸辣辣又開胃，以芝士拌入醬，讓整個餃子同時融合東西方文化。

做法

1. 下油 1 湯匙熱鑊，炒香薯仔絲至半透明，加入蘑菇粒、三色椒粒、青豆及扁豆炒香。
2. 拌入孜然粉、岩鹽及黑胡椒炒至乾身，盛起放涼。
3. 餃子皮鋪平，放入炒好的餡料包好，按緊。
4. 鑊內下油，放入餃子煎至外皮香脆，灑上水，加蓋焗約 30 秒，盛起備用。
5. 取另一鍋，加入油炒香番茄粒、番茄醬、辣椒仔、岩鹽及黑胡椒碎炒香，最後下純素芝士碎煮至掛汁，上碟，再鋪上餃子，趁熱食用。

材料

薯仔 .... 1 個（切絲）
蘑菇 .... 4 顆（切片）
青豆 ....1 湯匙
罐頭扁豆 ....1 湯匙
三色椒......... 各 1/4 個（切粒）
圓形餃子皮 ....8 片
新鮮番茜 ....1 湯匙

調味料

孜然粉......................1 茶匙
岩鹽 ....1 茶匙
黑胡椒碎 ....1 茶匙

醬汁

番茄 .... 1 個（切粒）
番茄醬......................1 湯匙
辣椒仔......................1 茶匙
岩鹽 ....1 茶匙
黑胡椒碎 ....1 茶匙
純素芝士碎 ....1 湯匙

素食 TIPS

- 餃子皮使用前後，請貯放於雪櫃保存，以免餃子皮軟腍難以包裹。
- 餡料炒熟後必須放涼，才能包入餃子皮內，否則容易弄破皮料。

素食入門：素食者類別

近年，隨着疫情過後，人們的健康意識提升，環保理念也普及，越來越多人選擇植物性飲食生活。然而，素食並不是單一的概念，而是包含了多種不同的飲食類別。以下介紹幾種主要的素食者類別，希望能助你更好地理解素食的多樣性，並激發你探索素食生活的興趣！

1. 全素食者 / 純素食者（Vegan）

純素食者不僅不吃肉類和海鮮類，還完全不攝取任何動物來源的產品，包括乳製品、蛋類和蜂蜜。他們的飲食主要由蔬菜、水果、穀物、豆類、堅果和種子組成，配以植物性蛋白粉來攝取蛋白質。全素食者選擇這種飲食方式大多主要出於健康、環保或動物權益的考量，所以他們不會使用動物皮革製產品或含有動物成分的所有產品。這類別是近年世界各地最流行的素食者類別，在歐美和地中海國家特別流行；純素食者在香港和鄰近國家及地區的數目亦日漸上升。

2. 奶素食者（Lacto-Vegetarian）

奶素食者不進食肉類和海鮮，但會攝取乳製品如牛奶、芝士和乳酪。這類素食者通常利用乳製品來補充蛋白質和鈣質，並在飲食中保持多樣性。選擇奶類製品時，通常會選擇不含凝乳酶（動物性發酵）的產品。

3. 蛋素食者（Ovo-Vegetarian）

蛋素食者不吃肉類和海鮮，但會攝取蛋類。這類素食者的飲食包含雞蛋，使他們能夠獲得蛋白質和其他營養素。蛋素食者通常會選擇有機或自由放養的雞蛋，以符合他們的倫理觀。

4. 蛋奶素食者（Lacto-Ovo Vegetarian）

蛋奶素食者是香港及亞洲地區最常見的素食者類別，他們不吃肉類和海鮮，但會攝取乳製品和蛋類。與奶素食者及蛋素食者一樣，他們在選擇相關產品時會較為謹慎。這種飲食方式提供了豐富的營養來源，並相對地容易實現，因為許多傳統菜餚都可以輕鬆調整以符合蛋奶素食者的需求。

5. 魚素食者（Pescatarian）

魚素食者不吃肉類，但會攝取魚類和海鮮。他們的飲食通常包含大量的蔬菜、穀物和豆類，並以魚類成為主要的蛋白質來源。這類素食者選擇這種飲食方式是因為魚類富含 Omega-3 脂肪酸，對心臟健康有益。現時坊間有多種不同營養補充品或油類如亞麻籽油、牛油果油、奇亞籽油等，有助攝取足夠 Omega-3、6、7 及 9，讓素食者得到更充分的營養。

6. 彈性素食者（Flexitarian）

彈性素食者主要以植物性食物為主，但偶爾會攝取肉類或海鮮。這種飲食方式提供了靈活性，讓他們能夠享受素食的健康益處。彈性素食者通常會就個人因素而選擇在特定的日子或場合吃肉，並在其他時間保持素食。此類素食者大多是剛開始進行素食飲食及生活習慣，並在適應期間。

7. 生機素食者 / 食生素食者（Raw Vegan）

生機素食者只攝取未經烹煮（或烹調溫度在攝氏 47 度或以下）的植物性食物，他們認為「生機」的概念是指來自未經煮熟及烹死的植物是有生命的食物，本身有生命力的天然營養和酵素。通常包括新鮮水果、有機蔬菜、堅果和種子。他們相信加熱食物會破壞其營養成分，因此選擇生食。這種飲食方式需要一定的計劃，以確保攝取足夠的營養。

8. 不吃五辛素食者 / 宗教素食者（Oriental-Vegetarian）

不吃五辛的素食者在內地、香港及台灣地區最常見，因為傳統佛教流傳久遠，此類素食者多具有宗教信仰，他們認為吸收任何五辛類食物，會影響唸經和修行時候的心情，以及增加多餘的慾望。一般修行佛教的素食者均不會進食任何含有五辛成分的食物，90% 內地、香港及台灣地區的素食店多提供不含五辛的素食選擇。在日本、泰國等東南亞國家及地區，陸續有餐廳開始提供免卻五辛的菜式選擇。五辛包括：蔥、小蒜、大蒜、韭菜及興渠（洋蔥）。

素食者的類別多樣化，各有其獨特的飲食習慣和理念。無論你選擇那款素食方式，最重要的是確保飲食均衡，攝取足夠的營養素。隨着素食文化的發展，市場上越來越多植物性產品、營養補充品及副產品出現，令素食者的飲食更美味、生活也更便利。

蛋奶素

哈羅米芝士西瓜批伴黑醋醬

有聽過芝士可以在鑊煎香而不溶化嗎？哈羅米芝士正是。
煎香的口感外脆內軟，配上西瓜、黑醋和核桃享用，相信你的味蕾會被多層次口感衝擊！

材料

哈羅米芝士（Halloumi）....100 克（切成圓形）
新鮮西瓜 ....50 克（切成圓形）
橄欖油...2 湯匙
核桃 .... 1 湯匙（壓碎）
意式開心果香草青醬 .... 1/2 茶匙（見 p.44）
意大利黑醋醬 ....1 湯匙
薄荷葉...2 小片

做法

1. 哈羅米芝士圓片放在鑊內，以慢火煎至兩邊呈金黃，盛起。
2. 西瓜片及煎香的哈羅米芝士相間地重疊成圓柱。
3. 在表面以開心果香草青醬裝飾，灑上核桃碎及橄欖油，在碟邊綴以黑醋醬，最後放上薄荷葉即成。

素食 TIPS

- 選用圓形不銹鋼模具協助切成理想的形狀。
- 預先將西瓜去除核籽，口感更佳。
- 哈羅米芝士是由綿羊及山羊奶混合而成，味道鹹香，口感煙韌，不融化。

蛋奶素

免焗瑪格列特 Pizza

說到 Pizza，除了加入菠蘿與否外，大致你應該想到芝士、餅皮和焗爐？那我告訴你，我這個薄餅食譜完全毋須焗爐，只需一個有蓋的鑊就可以了！既方便又快捷。

做法

1. 番茄切片；水牛芝士分成 6 份。
2. 在墨西哥餅皮均勻地塗抹番茄醬，鋪上番茄片及水牛芝士塊，灑上黑胡椒碎及橄欖油。
3. 平底鑊以白鑊加熱，放入原個墨西哥餅皮，加蓋，以慢火烘烤至芝士溶化，最後以新鮮羅勒葉及意式開心果青醬裝飾即成。

材料

番茄 .... 1 個
新鮮水牛芝士 .... 1 個
新鮮羅勒葉 .... 4-6 片
意式開心果香草青醬
.... 1 茶匙（可選用，見 p.44）
番茄醬 .... 2 湯匙
墨西哥餅皮 .... 1 片

調味料

黑胡椒碎 .... 1 茶匙
橄欖油 .... 1 茶匙

素食 TIPS

- 加蓋烘烤時，留意餅皮底部會否過熟；適時調節爐火溫度。
- 墨西哥餅皮質感柔軟，適合短時間免焗的烹調形式。

五辛素

巴東薯仔植物牛肉

我一向很欣賞和喜愛東南亞菜式，特別是在香料、香草跟菜式的配搭。這個巴東素牛肉用上多種香辛料製成，搭配我最愛吃的美國製植物牛肉。我相信，葷食朋友第一口也分不清這是素還是葷呢！

做法

1. 植物牛肉解凍，分成 8 份；用手將每小份搓成形。
2. 下油熱鑊，放入植物牛肉煎香，盛起備用。
3. 將香茅、獨子蒜、紅葱頭、椰絲、黃薑粉及南薑粉置於食物處理器，攪碎備用。
4. 下植物油 3 湯匙熱鑊，加入攪碎的香辛料炒香，下辣椒碎、紅尖椒粒及薯仔粒炒至香氣散發。
5. 倒入水、椰奶、老抽、素蠔油調味，煮滾至濃稠，加入植物牛肉，讓每塊植物牛肉沾上醬汁。
6. 碟內鋪上斑蘭葉或香蕉葉，上碟後灑上花生碎、椰絲及芫荽即成。

材料

植物牛肉 .... 200 克
薯仔 .... 1 個（去皮、切件）
斑蘭葉或香蕉葉 .... 1 片
水 .... 150 毫升

香辛料

香茅 .... 1 枝
獨子蒜 .... 3 顆
紅葱頭 .... 4-5 顆
椰絲 .... 5 湯匙
椰奶 .... 1 包
黃薑粉 .... 2 茶匙
南薑粉 .... 2 茶匙
辣椒碎 .... 1 茶匙
紅尖椒 .... 1 條（切粒）
芫荽 .... 1 小束

調味料

老抽 .... 2 茶匙
素蠔油 .... 1 湯匙
花生碎 .... 1 湯匙

素食 TIPS

- 先將香茅、獨子蒜、紅葱頭、椰絲、黃薑粉及南薑粉打至碎再炒香，其獨特之香氣能釋放出來。
- 植物肉碎需預先進行解凍，可於烹調前一天由冰櫃放到雪櫃內；或於使用前浸在水中解凍。

蛋奶素

西班牙彩椒免焗蛋批

Tortilla Espanola 是西班牙最具代表性的食物之一，傳統上使用薯仔作為基礎。今次，我選用番茄、蘑菇、三色甜椒等食材做出輕盈版本，吃上來更 Juicy ！不吃五辛的朋友可去掉洋葱即可。

材料

番茄……………1 個（切粒）
蘑菇……………3 顆（切片）
三色燈籠椒……各 1 個（切粒）
洋葱……………1/2 個（切粒）
蔬菜高湯……………50 毫升
雞蛋..6 個（蛋白和蛋黃攪拌均勻）
芝士碎……………2 湯匙

調味料

岩鹽……………1 茶匙
黑胡椒碎……………1 茶匙

做法

1. 易潔鑊下植物油 3 湯匙熱鑊，放入番茄粒、蘑菇粒、三色燈籠椒粒及洋葱粒炒勻。
2. 灑入岩鹽及黑胡椒碎炒香，倒入蔬菜高湯拌炒至散發香氣。
3. 加入雞蛋液拌勻，灑上芝士碎，加蓋，以中慢火焗約 10-15 分鐘，讓蛋熟透即成。

素食 TIPS

- 如時間不容許製作蔬菜高湯，可使用鮮菇粉及熱水調成香菇高湯代替。
- 因每家煮食爐皆有差異，以中慢火烹調時密切注意火力，可能需要進行調校，以免蛋餅焦底。

Elvis Chan
Veggixpert

純素

台式陳家秘製魯肉飯

在台灣，每家總有自己一道傳統魯肉飯，不同的食材搭配、不同的調味和烹調時間，做出各具風格的魯肉飯。這個版本源自媽媽，再給我改良了些，成就了兩代人對於食材配搭上的融合和創新！哪個好？爸爸說：「兩個都好！」

做法

1. 下油熱鑊，加入紅尖椒粒、鮮冬菇粒及金菇炒香，下植物豬肉碎及豆乾粒拌炒，倒入水 100 毫升略煮。
2. 加入秋葵、五香粉、花椒油、八角、麻油、米酒、素蠔酒、糖及胡椒粉，加蓋煮至滾，轉小火煮約 10 分鐘，最後以生粉水埋芡，煮至濃稠即成。
3. 享用時，可根據個人喜好伴飯或伴麵。

材料

植物豬肉碎 ....1 包
豆乾 .... 1 塊（切粒）
金菇 .... 1/4 棵（切段）
鮮冬菇............... 2 朵（切粒）
秋葵 .... 1 條（切粒）
紅尖椒............... 1 條（切粒）
芫荽 .... 適量
水 .... 100 毫升

調味料

五香粉.....................1 茶匙
花椒油.....................1 湯匙
八角 ....1 顆
麻油 ....1 茶匙
米酒 ....1 湯匙
素蠔油.....................1 湯匙
糖 ....1/2 茶匙
胡椒粉.....................1 茶匙
生粉 .... 2 茶匙（以水調勻）

素食 TIPS

- 有一個簡單的方法，將所有材料放入電飯煲燉煮，適合下班繁忙的上班族。
- 植物肉碎需預先進行解凍，可於烹調前一天由冰箱移放至雪櫃；或於使用前浸泡水內解凍。

純素

梅子凍番茄

一道清新的開胃菜，往往是一整頓飯最完美的開端。這道梅子番茄相信能夠讓你的朋友對這場餐宴留下一個美好的期待！

做法

1. 在車厘茄底部用刀劃出「十」字。
2. 燒滾水 500 毫升，放入車厘茄煮約 30 秒，再放到冰水浸泡約 5-8 分鐘。
3. 再燒滾水，加入話梅、楓糖、原蔗糖及冰糖碎，煮 20 秒後取出話梅，置於密封盒子；話梅水放涼備用。
4. 用手小心地撕走車厘茄的外皮，放到話梅的盒子內。
5. 倒入放涼的話梅水，加入話梅粉、岩鹽及蘋果醋拌勻，密封盒子，放入雪櫃冷藏 8-10 小時。
6. 享用時，可搭配薄荷葉食用。

材料

車厘茄................. 15-20 顆
話梅...........................5 粒
話梅粉.....................2 茶匙
冰水..................... 500 毫升

調味料

楓糖........................1 湯匙
原蔗糖.....................1 茶匙
冰糖碎.....................1 茶匙
岩鹽...................... 1/4 茶匙
蘋果醋.....................1 茶匙
薄荷葉...............數片（可略）

素食 TIPS

- 劃上「十」字的車厘茄不能於水中泡煮太久，否則容易爛掉，影響口感。
- 將話梅、車厘茄及話梅水貯放密封盒子待一晚，味道更佳。

純素

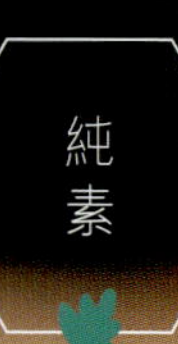

青瓜乳酪凍湯

清新的青瓜和無糖植物奶，加入專門搭配奶油類材料的蒔蘿香草，最適合夏日炎炎的時候一解暑熱。做好後放入雪櫃冷藏一會，口味更佳！

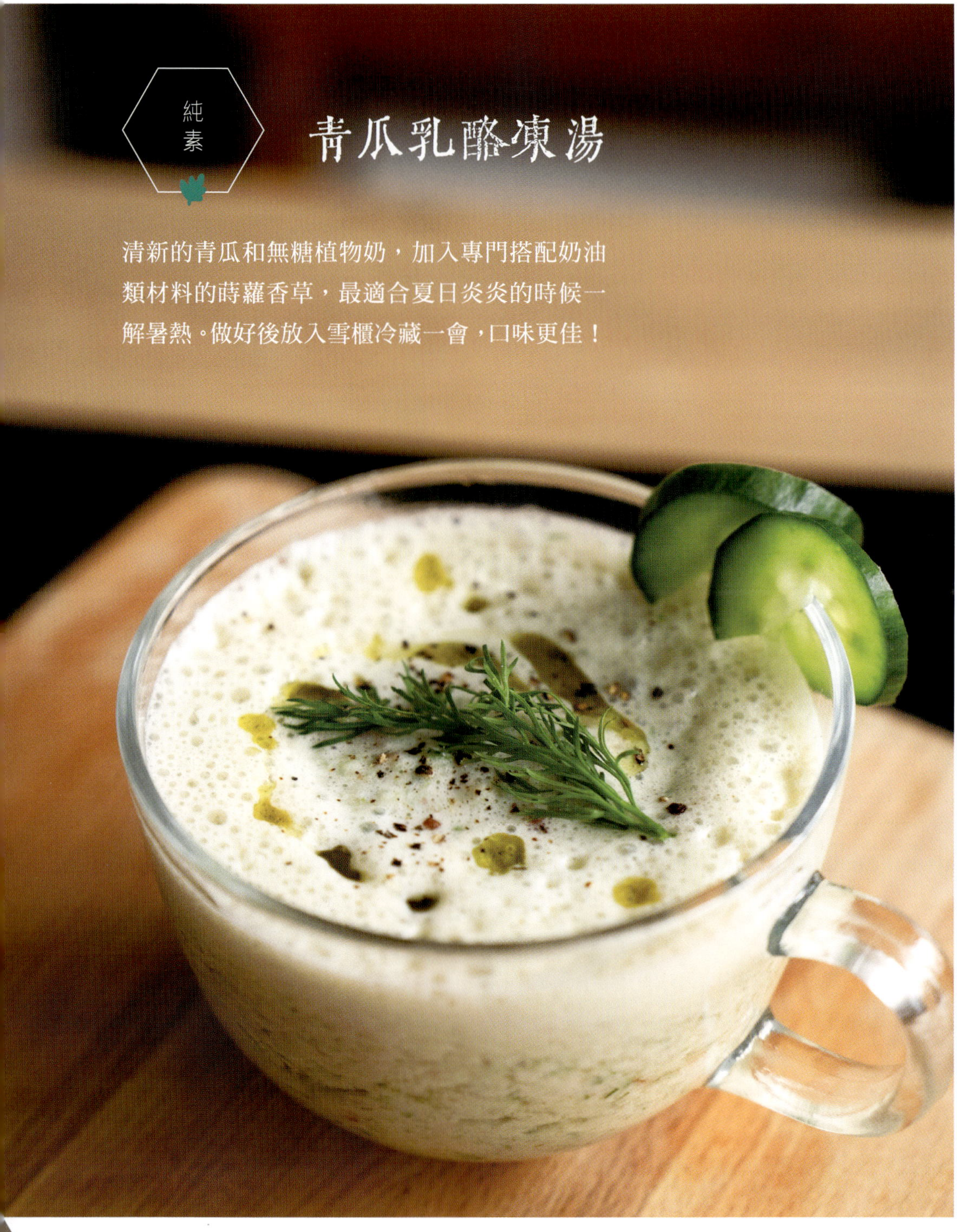

材料

溫室小青瓜 ....2 條
車厘茄..........................6 顆
日本無調整豆奶.....250 毫升
特級初榨橄欖油.........3 湯匙
龍舌蘭糖漿 ....1 湯匙
蒔蘿草.........................10 克
檸檬................1/2 個（榨汁）

調味料

岩鹽......................1/2 茶匙
黑胡椒碎 ....1 茶匙

做法

1. 溫室小青瓜洗淨，切件，與車厘茄、豆奶、蒔蘿草、檸檬汁、龍舌蘭糖漿、岩鹽及初榨橄欖油，放入攪拌機攪拌。
2. 倒入碗內，灑上黑胡椒碎及初榨橄欖油，以提升味道，用蒔蘿草裝飾即可。

素食 TIPS

- 材料攪拌後放入雪櫃冷藏 1 小時後飲用，味道更佳。
- 享用時加入適量特級初榨橄欖油，令凍湯口感更潤滑細緻。

CHAPTER 2

擺脫固有概念，
來一次大膽的創意搭配，
讓素菜注入新元素，
為你我帶來不一樣的茹素體會。

新派創作
家常素菜

純素

牛油果天婦羅配腐乳芝士醬

近年，很多人喜歡以牛油果創作不同的菜式，全因牛油果含單元不飽和脂肪酸，而且膳食纖維高，有助改善消化系統。這道菜式外脆內軟，搭配腐乳醬伴食，有一種鹹鹹酸酸的風味！

材料

牛油果……………1-2 個

炸漿

天婦羅炸粉 ……..3 湯匙
岩鹽………………1 茶匙
甜椒粉……………… 少許
水 …………………3 湯匙

腐乳醬

腐乳…………………3 磚
腰果………………… 10 克
蘋果醋……………2 茶匙
橄欖油……………3 湯匙
楓糖………………1 湯匙
岩鹽………………… 少許
黑胡椒碎 ………..1 茶匙

做法

1. 牛油果去核及去皮，切件。
2. 將天婦羅炸粉調成稀稠度適中的炸漿，放入牛油果均勻地沾滿炸漿。
3. 燒滾油，放入牛油果以中火炸透兩邊，盛起。
4. 將已炸好的牛油果再次沾上炸漿，放入熱油炸至金黃色，盛起備用。
5. 全部腐乳醬材料放入攪拌機，打成幼滑的醬汁，蘸炸牛油果食用。

素食 TIPS

- 牛油果應挑選外表呈黑色，按下去感微軟的尤佳。
- 若使用甜腐乳製成醬料，味道更可口、更富層次感。

純素、五辛素

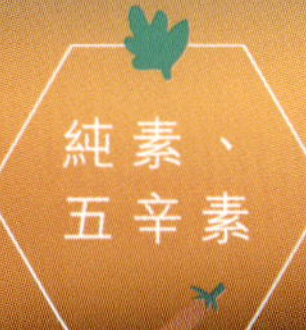

曼哈頓美式周打湯

傳統周打湯以淡忌廉製成白湯，相傳起源於十八世紀的英國，後來經歐洲人移民美洲大陸後，演變成以番茄作為基底的紅色周打湯，被稱為曼克頓周打湯。這個純素版本選用無糖植物奶創作，加入天貝作為煙肉片，是我其中一道最愛的湯品！

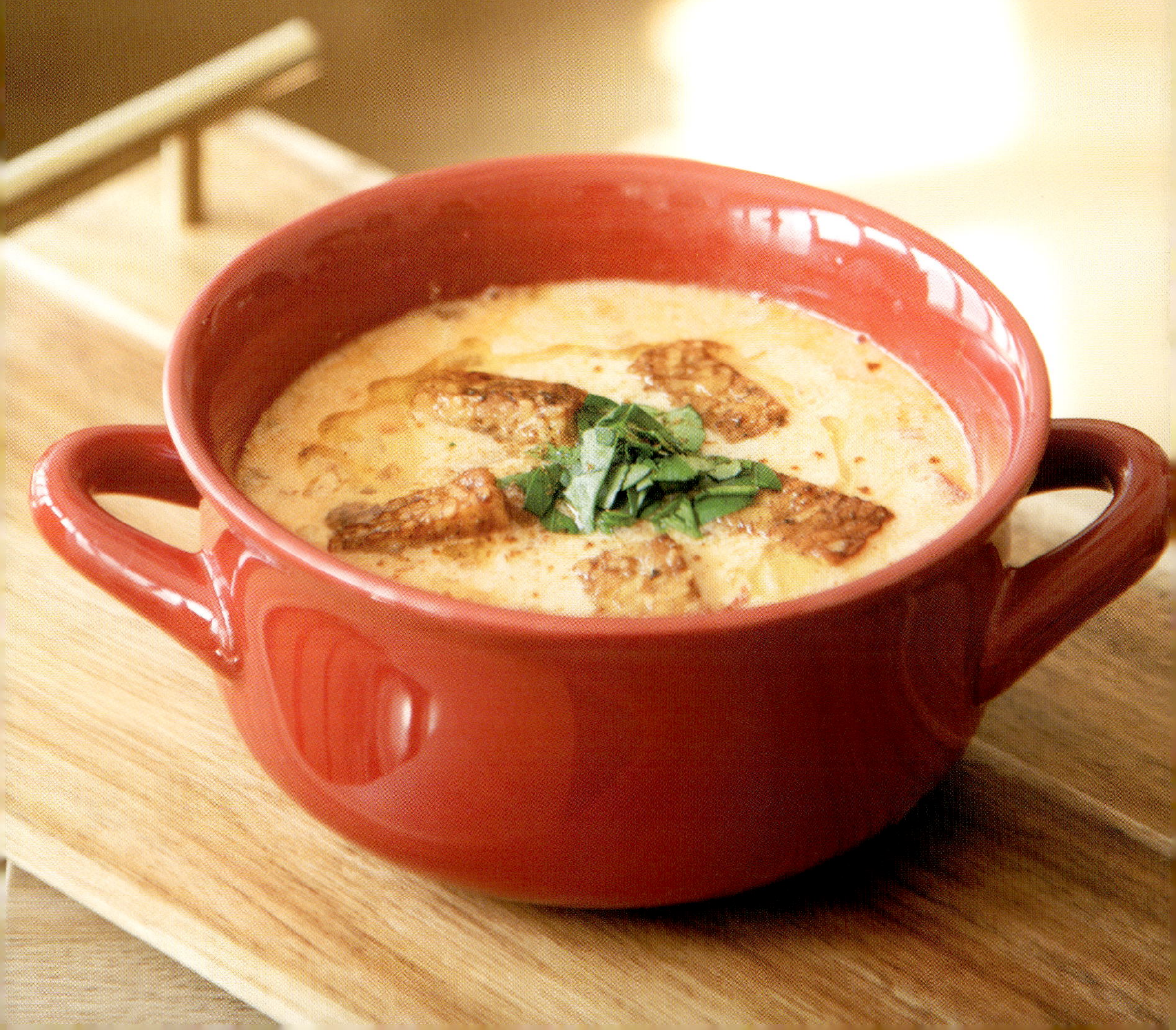

材料

- 薯仔..............1 個（切粒）
- 洋葱..............1 個（切粒）
- 番茄..............1 個（切粒）
- 甘筍..............1 個（切粒）
- 西芹..............1 條（切粒）
- 新鮮百里香 ....1 束
- 新鮮番茜碎 ....2 棵
- 番茄醬................ 2 湯匙
- 純素牛油 ....20 克
- 無糖植物奶 ....500 毫升
- 水 ....100 毫升

天貝煙肉片

- 天貝 ....1/2 塊
- 煙燻甜椒粉 .... 1 茶匙
- 岩鹽 .... 1 茶匙
- 黑胡椒碎 .... 1 茶匙
- 植物油 .... 1 湯匙

調味料

- 岩鹽 .... 1 茶匙
- 黑胡椒碎 .... 1 茶匙

素食 TIPS

- 非純素食者可加入淡忌廉烹調，口感更幼滑。
- 新鮮百里香只取葉子，香氣四溢。

做法

1. 燒熱鑊，放入純素牛油，下薯粒、洋葱粒、番茄粒、甘筍粒、西芹粒及百里香炒香。
2. 加入水、番茄醬、岩鹽及黑胡椒碎煮滾，最後加入無糖植物奶煮透，盛於碗內。
3. 天貝切成小片，以煙燻甜椒粉、岩鹽及黑胡椒碎醃約 10 分鐘。
4. 下植物油熱鑊，放入天貝煎成金黃色，天貝片置於湯面，最後灑上番茜碎裝飾即成。

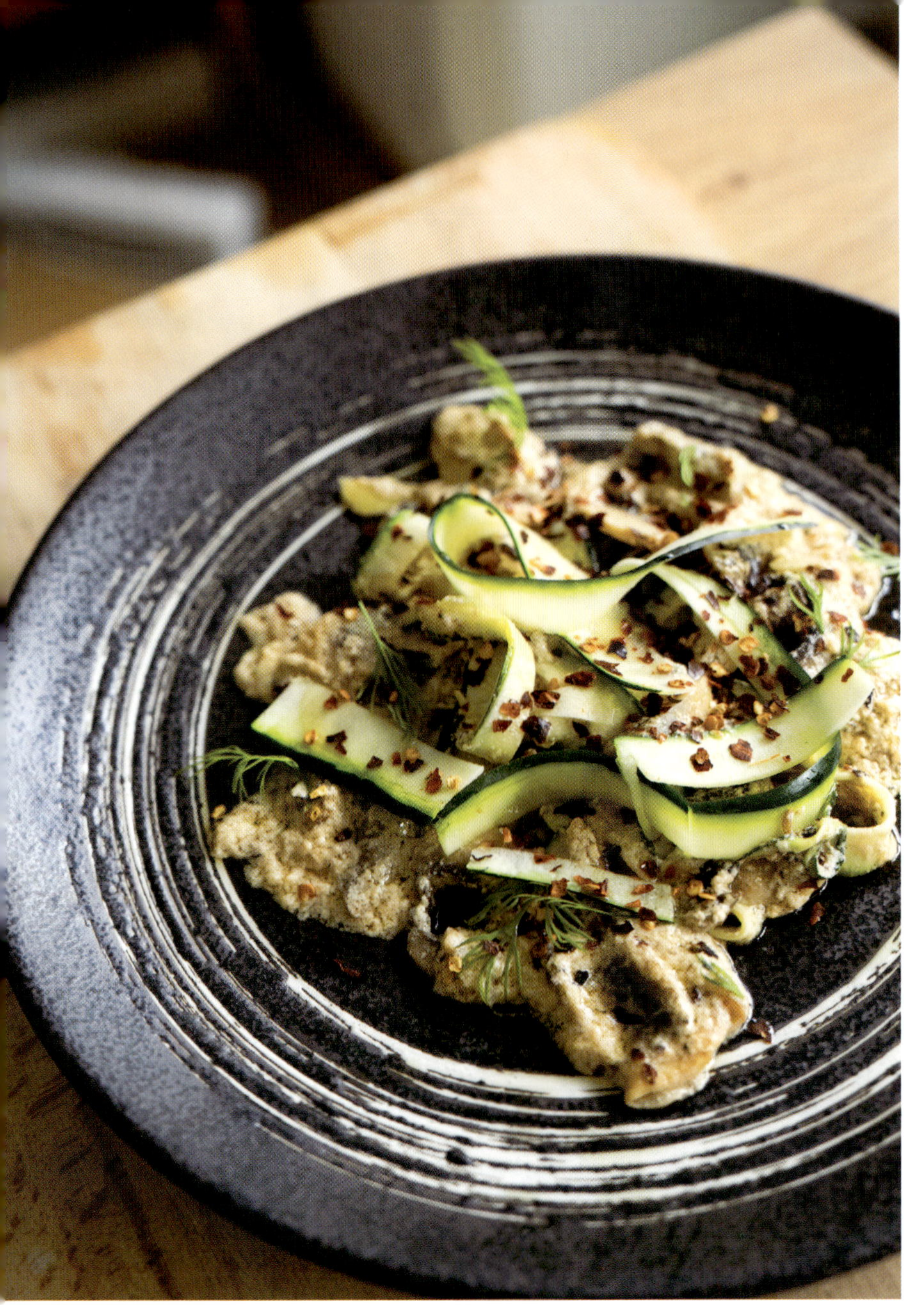

純素、五辛素

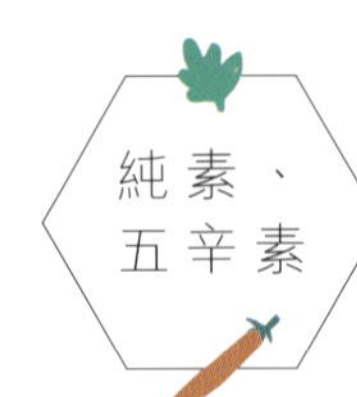

橄欖油檸檬香草青瓜意大利粉

以青瓜製成意大利粉，飽肚之餘亦實行低碳飲食。意大利青瓜的質感較一般青瓜厚實，而且味道較清淡，搭配檸檬香草醬享用別具滋味。

做法

1. 意大利青瓜切去頭尾兩端，橫切一半後，用刮皮器刨成長片狀。
2. 下植物油熱鑊，放入蒜片及辣椒碎炒香，加入蘑菇片炒勻。
3. 拌入檸檬汁及無糖豆奶略煮，灑入岩鹽及黑胡椒碎調味。
4. 加入意大利青瓜片，慢慢輕力翻炒，以防青瓜破爛，最後加入蒔蘿香草及檸檬皮拌勻，灑上純素芝士碎即成。

材料

意大利青瓜……………… 1 個
檸檬……………… 1/2 個（榨汁）
檸檬皮……………… 1 湯匙
辣椒碎……………… 1 茶匙
蒜頭……………… 2 小瓣（切片）
蘑菇……………… 2 顆（切片）
新鮮蒔蘿香草……………… 10 克
無糖豆奶……………… 50 克
純素芝士碎……………… 1 茶匙
植物油……………… 2 湯匙

調味料

岩鹽……………… 1 茶匙
黑胡椒碎……………… 1 茶匙

素食 TIPS

- 切青瓜片時，應小心處理以免斷開，影響上碟的賣相。
- 炒意大利青瓜片必須輕力處理，否則容易斷開破爛。

純素、五辛素

印度孟買脆麵沙律

印度是全球最多素食者的國家，其菜式大多是素食者可享用。這道菜是在孟買街頭經常看到的小食，五顏六色的新鮮蔬菜，加入番石榴籽和紫洋葱，配上印度脆米和麵條，就讓味蕾走進印度的小巷吧！

做法

1. 將印度公仔麵壓碎，置於碗內，加入番茄粒、粟米粒、紫洋葱粒、番石榴籽及番茜碎拌勻。
2. 以橄欖油、蘋果醋及原蔗糖調味，最後灑入印度脆米拌勻即成。

材料

番茄..................1 個（切粒）
粟米粒......................20 克
紫洋葱............1/4 個（切粒）
番石榴籽 ....10 克
新鮮番茜 ....10 克（切碎）
印度公仔麵 ....1 個
印度脆米 ....2 茶匙（可省略）

調味料

橄欖油......................1 湯匙
蘋果醋......................2 茶匙
原蔗糖......................1 茶匙

素食 TIPS

- 番茄及紫洋葱切成如番石榴籽般大小，咬入口感覺舒爽，而且整道菜式賣相統一整齊。
- 印度公仔麵毋須壓得太碎，入口有些咀嚼感更佳。

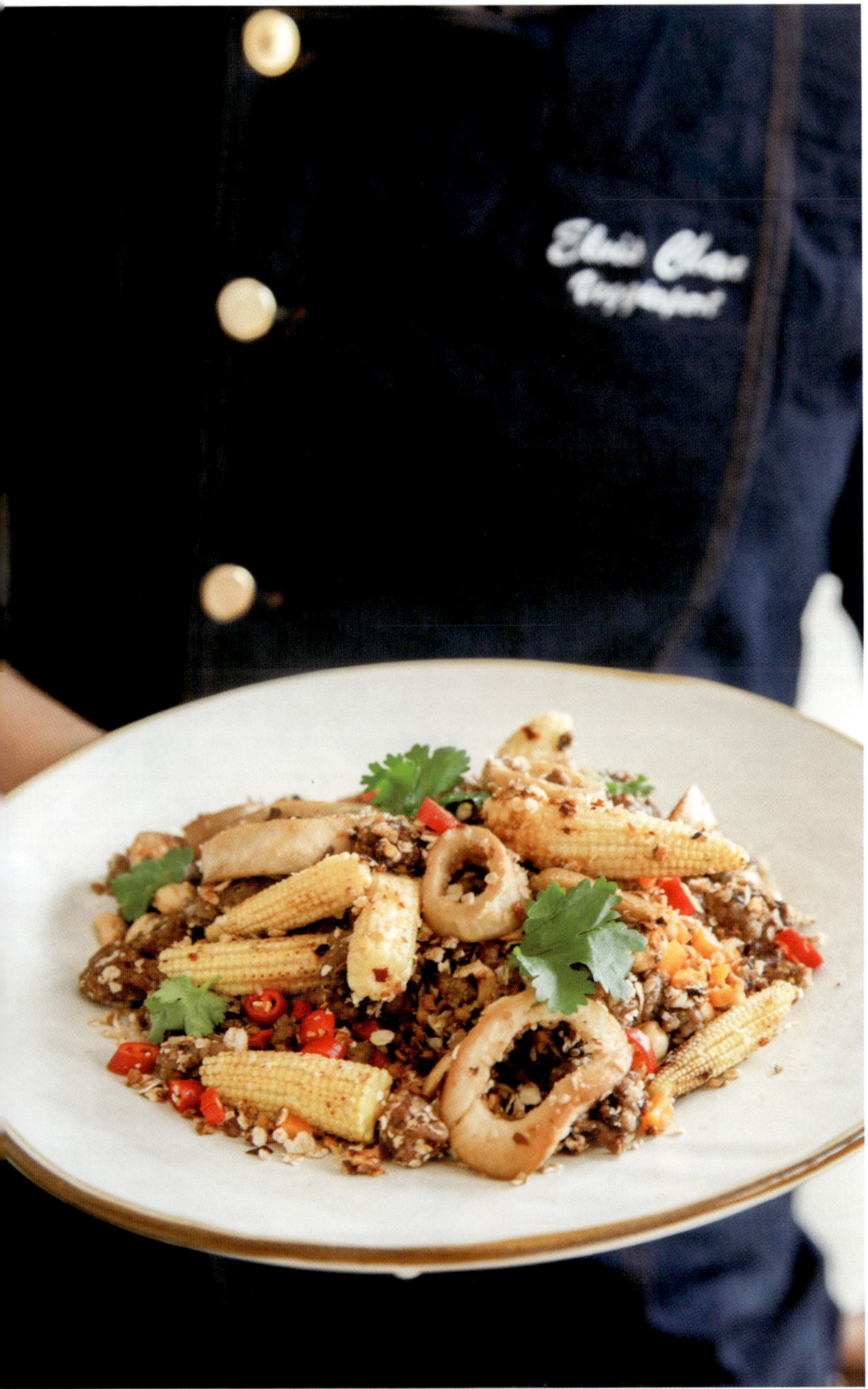

純素、五辛素

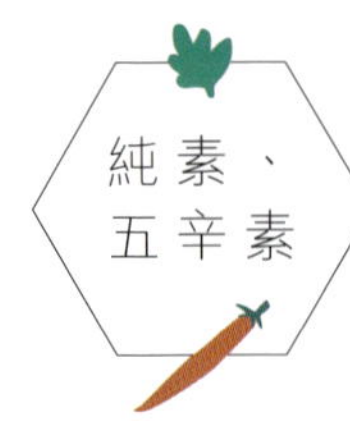

港式避風塘椒鹽素魷魚

大部分香港人曾品嘗避風塘式菜餚，這個惹味香口的做法以蒜頭、乾辣椒和麵包糠作為基礎，我特別加入麥片，讓口感層次更廣闊，並使用植物牛肉，提升整道菜式的味道！

做法

1. 在雞髀菇中間位置用刀或切割器剐成圓孔，成魷魚狀，伴上生粉。
2. 下植物油熱鑊，放入蒜粒及薑粒炒香，下雞髀菇及粟米芯拌炒，加入植物牛肉碎及乾辣椒，炒至植物牛肉碎熟透。
3. 調至慢火，加入椒鹽、麵包糠及即食麥片炒匀，炒至乾身後，最後加入花生碎，上碟即成。

材料

雞髀菇........................2 個
粟米芯............ 4-5 條（切件）
植物牛肉碎 .... 100 克
乾辣椒........................5 隻
蒜頭................. 3 瓣（切碎）
薑粒........................1 茶匙
花生碎.....................1 茶匙
生粉........................3 茶匙
植物油.....................3 湯匙

避風塘料

椒鹽........................1 茶匙
麵包糠.....................3 湯匙
即食麥片 ....2 湯匙

素食 TIPS

- 蒜頭不要炒得過熟，否則帶有苦澀味。
- 植物牛肉碎需預先進行解凍，可於烹調前一天由冰箱放到雪櫃；或於使用前浸泡水內解凍。
- 加入椒鹽及麥片等材料後，可能會吸乾油分，如覺油分不足太乾，可酌加少許植物油繼續拌炒。

蛋奶素

黃金鹹蛋醬烤
脆炸椰菜花伴醋香欖油醬

大部分菜式只要加入鹹蛋黃都會生色不少，例如豆腐、茄子、秋葵等等。這次我用上椰菜花，搭配西式欖油醬，你會發現不一樣的風味！

做法

1. 燒熱一鍋滾水，放入椰菜花煮 2-3 分鐘，然後放入凍水略浸，瀝乾水分，用廚房紙印乾。
2. 中筋麵粉、椒鹽、胡椒粉及甜椒粉放在大碗內，加入植物油及水拌成脆漿。
3. 將椰菜花逐一均勻地沾上炸漿，讓每個椰菜花被炸漿包裹。
4. 鑊內下葡萄籽油 5 湯匙燒熱，放入椰菜花炸至金黃色，盛起，放在廚紙上吸油備用。
5. 在另一鑊內，加入葡萄籽油 2 湯匙，放入鹹蛋黃碎炒至起泡，同時加入粟米粒及紅椒粒炒勻。
6. 放入炸好的椰菜花炒至均勻，最後灑上葡萄乾、松子仁及番茜碎裝飾。
7. 醬汁材料拌勻，享用時倒在椰菜花上以增加風味。

材料

椰菜花..........1 個（切成小棵）
鹹蛋黃...............3 個（壓碎）
粟米粒.....................1 湯匙
紅尖椒...............1 隻（切粒）
葡萄乾.........................1 盒
松子仁......................20 克
番茜..................1 束（切碎）
葡萄籽油 ....7 湯匙

炸漿

中筋麵粉 ....50 克
椒鹽.........................2 茶匙
胡椒粉.....................1 茶匙
甜椒粉.....................1 茶匙
植物油.....................1 湯匙
水 ....100 克

醬汁

橄欖油.....................2 湯匙
黑醋.........................1 湯匙
楓糖.........................1 湯匙
岩鹽.....................1/2 茶匙
胡椒粉.................1/2 茶匙

素食 TIPS

- 鹹蛋黃以牛油炒香，味道更香濃。
- 松子仁預先烘烤，散發陣陣果仁香；烘烤後貯存在密實瓶，可隨時灑入菜式。

純素

日式燒汁煎釀三寶

煎釀三寶是傳統的港式風味之一！一般挑選燈籠椒、茄子及豆腐，三寶可以根據個人口味而選用不同蔬菜，配上日式燒汁又是另一種風味！

材料

三色甜椒各 ..1 個（各切成 4 塊）
茄子 .... 1 條（切件）
鮮冬菇 .... 4 朵（去蒂）
植物油 ....4 湯匙

餡料

植物豬肉 ....1 包
鮮冬菇 .... 2 朵（切粒）
芫荽 .... 10 克（切碎）

調味料

七味粉 ....1 茶匙
生粉 ....2 茶匙
岩鹽 ....1 茶匙
胡椒粉 ....1 茶匙

燒汁

生抽 ....1 湯匙
糖 ....1 茶匙
味醂或米酒 ....1/2 湯匙
薑粉 ....1/2 茶匙

做法

1. 植物豬肉、鮮冬菇粒、芫荽碎及調味料放於碗，拌勻。
2. 茄子、原個鮮冬菇及三色甜椒平均地釀入餡料，沾上少許生粉，備用。
3. 下植物油熱鑊，放入已釀好的茄子、鮮冬菇及三色甜椒，煎至植物肉熟透及兩邊成金黃色。
4. 燒汁撈勻，倒在鑊內讓蔬菜沾上醬汁，待收乾後即成。

素食 TIPS

- 在蔬菜面灑上生粉，有助植物豬肉緊緊地黏着。
- 煎煮時，留意植物肉部分是否完全熟透。

純素

越南式蒸粉包

越南小食的特色是使用香草和米作為材料，這個蒸粉包搭配用素魚露炒香的蔬菜食材，配上米紙包裹，是一道不能錯過的純素小食！

做法

1. 下植物油熱鑊，放入植物豬肉、甘筍絲、茄子條及法邊豆炒香。
2. 加入粟米粒及素魚露炒勻，熄火，加入九層塔炒拌，放涼備用。
3. 越南米紙用水浸軟，鋪平，放入餡料包好。
4. 碟內塗上少許植物油，放上粉包蒸約 5 分鐘，以炸蒜粒、指天椒及芫荽葉裝飾即成。

材料

植物豬肉……………………1 包
法邊豆…… 4 條（切成 2 厘米長）
甘筍………………… 1 個（切絲）
茄子……………… 1/2 條（切條）
粟米粒……………………3 湯匙
九層塔……………… 6 片（切絲）
越南米紙或粉皮…………6 片
植物油……………………2 湯匙

調味料

素魚露……………………2 茶匙

裝飾（可省略）

炸蒜粒……………………1 茶匙
指天椒……………… 1 隻（切粒）
芫荽葉…………………… 少許

素食 TIPS

- 米紙用水泡軟不宜過久，每邊約 15-20 秒即可，否則容易弄破。
- 米紙皮容易黏着碟，先在碟內塗抹油，以免米紙皮破損而失去美感。

純素

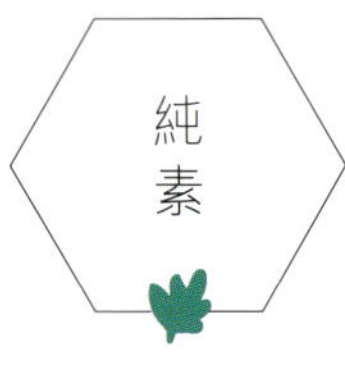

和風粟米煎餅

這道菜看似材料簡單，但味道卻不平凡！紫菜和粟米的香氣互相輝映，伴和風素燒汁享用，配上日式清酒，來一個和風餐就最好不過了。

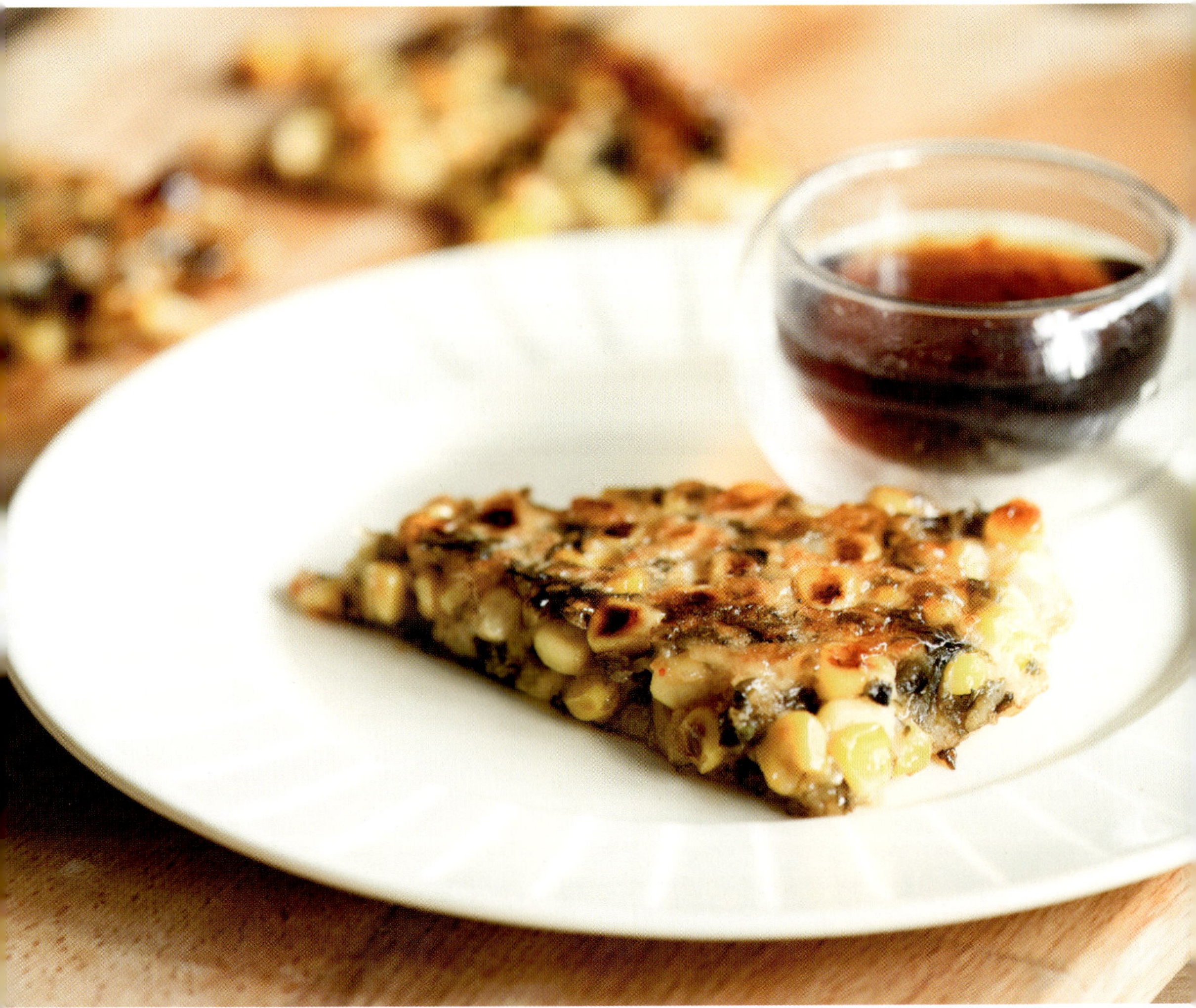

材料

- 粟米粒 …… 1 罐
- 紫菜碎 …… 4 湯匙
- 麵粉 …… 100 克
- 水 …… 50 克
- 椒鹽 …… 1 茶匙
- 植物油 …… 2 湯匙

醬汁

- 素蠔油 …… 1 湯匙
- 味醂 …… 1 湯匙
- 蜜糖或楓糖 …… 1 湯匙

做法

1. 粟米粒瀝乾水分，與紫菜碎及椒鹽放於碗內拌勻。
2. 麵粉和水混合成炸漿；倒進粟米混合物拌勻。
3. 平底鑊燒熱植物油，用湯匙舀起粟米混合物，放於平底鑊，以中慢火煎香粟米餅兩邊。
4. 醬汁材料拌勻，倒進鑊中，讓粟米餅吸收醬汁，盛起享用。

素食 TIPS

- 直接加入沙律醬食用，會有不一樣的風味。
- 加入不同味道的紫菜碎，令食味與別不同。

純素

雙色菜花薑黃薯仔濃湯

椰菜花及西蘭花含豐富蛋白質和膳食纖維，但用水煮似乎單調了些。試試加入薯仔和香草做成這個暖胃的湯品，令你有耳目一新的感覺。

做法

1. 下橄欖油熱鑊，放入西蘭花、椰菜花及薯仔炒香。
2. 加入植物奶、薑黃粉、新鮮百里香、岩鹽、黑胡椒及煙燻甜椒粉調味。
3. 煮至薯仔熟透，加入橄欖油拌勻，熄火待涼。
4. 將整鍋材料放入攪拌機，拌打成濃湯即可享用。

材料

西蘭花..........1/4 棵（切小棵）
椰菜花..........1/2 棵（切小棵）
薯仔..................1 個（切件）
植物奶..................350 毫升
新鮮百里香碎...........1 小束

調味料

薑黃粉......................2 茶匙
岩鹽........................1 茶匙
黑胡椒碎.................1 茶匙
煙燻甜椒粉..............1 茶匙
橄欖油......................1 湯匙

素食 TIPS

- 加入薯仔並攪拌煮成濃湯，使湯品的質感更幼滑。
- 百里香碎只取用葉子，根莖部分可丟掉。

純素

普羅旺斯燉菜

這道菜式最花心思在於薄切意大利青瓜、番茄和茄子，再鋪在焗盤上，搭配以蔬菜做成的醬汁。很多人說素食的味道很清淡，沒有味道……其實，只要懂得運用蔬菜的鮮甜、香草的清香，就能烹調出滋味非常的純蔬食菜式！

燉菜材料

意大利黃瓜 ....1 個
意大利青瓜 ....1 個
番茄 ....2 個
茄子 ....1 條
意式開心果香草青醬
.............1 湯匙（做法見 p.44）

醬汁

番茄 ....1 個
茄子 ....1/2 條
黃燈籠椒 ....1 個
紅燈籠椒 ....1 個
蔬菜高湯 ....150 毫升
橄欖油 ....2 湯匙

調味料

黑胡椒碎 ....1 茶匙
鹽 ....1 茶匙
百里香碎 ....1 茶匙

醬汁做法

1. 番茄頂部劃上十字，放於滾水煮 1 分鐘，立即放在凍水內，去皮、切粒。
2. 茄子切粒、燈籠椒切件，備用。
3. 燒熱橄欖油，放入所有配料炒勻，倒入蔬菜高湯、黑胡椒碎、鹽及百里香碎調味。
4. 所有醬汁材料放入攪拌機，攪打成醬汁，備用。

燉菜做法

1. 意大利黃瓜、意大利青瓜、番茄及茄子切片。
2. 在焗盤放入 2/3 醬汁，均勻地鋪上蔬菜片，最後再加入餘下的醬汁和意式開心果香草青醬。
3. 焗盤包上錫紙，放進焗爐以攝氏 200 度焗 20-25 分鐘即成。

素食 TIPS

- 使用錫紙包裹焗盤可保留蔬菜的水分，讓蔬菜更鮮甜，口感更佳。
- 蔬菜高湯可以鮮菇粉及滾水調勻代替。
- 醬汁材料置於焗爐以攝氏 180 度烤焗 20 分鐘，味道更佳。

茹素的力量與運動

隨着健康意識提升、關注動物權益和環保理念的普及，越來越多人選擇彈性素食或完全進行素食生活。一直有很多人可能會擔心，進行素食生活是否會影響運動表現和肌肉增長。然而，越來越多的研究和運動員的實踐證明，植物性飲食不僅能支持健康，還能提升運動表現。特別在近年，看過 Netflix 紀錄片《茹素的力量》（*Game Changers*）後，更多人認識到素食生活與健康可以並行。著名的素食運動員包括網球天王祖高域、F1 賽車冠軍咸美頓及香港劍后江旻憓等。

1. 進行素食飲食的營養優勢

素食飲食習慣主要以植物性食物為主，食物富含纖維、維他命、礦物質和抗氧化劑，對身體健康有多重益處：

- **抗炎作用：**植物性食物的抗氧化劑和抗炎化合物，有助減少運動後的炎症並促進恢復。
- **心血管健康：**素食者相對肉食者所攝取的飽和脂肪較低（如素食者經常在一般餐廳進食和攝取過量煎炸食物，不好的碳水化合物較為不健康），能降低心血管疾病的風險。無論是一般素食者或素食運動員，心臟健康也至關重要。
- **體重管理：**茹素飲食有助維持健康的體重，對於許多運動項目來説是非常重要的。

2. 攝取蛋白質

許多人擔心茹素飲食，蛋白質攝取不足。事實上，植物性食物也含有豐富的蛋白質來源，包括：

- **豆類：**如黑豆、鷹嘴豆和扁豆，這都是優質的蛋白質來源。現時很多植物性蛋白粉以豌豆作為基底，配以各種氨基酸調配而成，不但提供足夠的植物性蛋白質，更提供運動時所需的能量。
- **堅果和種子：**如杏仁、核桃、奇亞籽和亞麻籽，不僅提供蛋白質，還富含健康脂肪。純素食者更會將堅果製作成純素芝士，增加素食的樂趣和豐富口味！
- **全穀物：**如燕麥、藜麥和糙米，這些食物含有一定的蛋白質，並提供豐富的纖維。現時，很多即沖包裝飲品選用燕麥、藜麥和糙米等食材製作，加入奇亞籽、亞麻籽等不同 Superfood，達至營養豐富的效果。

運動員可以通過合理搭配以上的食物，來確保攝取足夠的蛋白質，支持肌肉修復和增長。

3. 能量來源與運動表現

茹素飲食通常富含碳水化合物，對於運動員來說是重要的能量來源。碳水化合物能夠快速轉化為能量，支持高強度的運動。以下是一些優質的碳水化合物來源：

- **水果和蔬菜：**提供天然的糖分和豐富的維他命，能夠快速補充能量。多吸收如番薯、西蘭花、椰菜花、薯仔等食物，從而吸收優質的碳水化合物。
- **全穀物：**沒有其他添加物的全麥麵包、糙米和燕麥，這些食物能提供持久的能量，適合長時間運動。

4. 運動恢復與茹素飲食

運動後的恢復同樣重要，茹素飲食中能有效促進恢復：

- **抗氧化食物：**例如莓類食物、綠茶和深綠色蔬菜，能幫助減少運動後的氧化壓力。
- **電解質補充：**運動後，補充電解質是必要的，香蕉、椰子水和菠菜都是良好的選擇。

5. 運動與茹素的實用建議

- **均衡飲食：**確保攝取多樣化的植物性食物，以獲取全面的營養。
- **計劃餐點：**運動員應提前計劃餐點，確保在訓練和比賽期間獲得足夠的能量和營養。
- **補充營養：**根據個人需要，考慮補充維他命 B_{12}、維他命 D 和 Omega-3 脂肪酸等，以上的營養素一般在植物性飲食中較難獲取。

素食者能輕鬆完成半馬拉松賽事。

我吃素三十多年，小時候是一名運動健將，無論足球、籃球、越野跑、乒乓球、羽毛球我都參與其中，部分項目更是學校校隊成員，並曾在校內比賽多次獲得獎牌，如足球比賽、擲鐵餅金牌等！

茹素飲食不僅支持健康，還能提升運動表現。通過合理的飲食規劃，運動員可以充分利用植物性食物的優勢，獲得所需的營養和能量。隨着越來越多運動員選擇茹素生活，此飲食方式的力量和潛力將持續被發掘。無論你是專業運動員或是健身愛好者，茹素飲食都能為你的運動之旅增添更多可能性。

Elvis Chan

CHAPTER 3

遊歷世界各地追尋素味，
體會異國素菜飲食風格，
融會細嘗每口特色風味。

素遊
風味之旅

純素

西班牙魷魚野菜椰菜花飯

西班牙海鮮飯 Paella，是傳統西班牙菜之一，以番紅花、番茄、檸檬配以不同海鮮做成。這款純素版本在菜式設計上以杏鮑菇做成「魷魚」，加入五顏六色的新鮮蔬菜，再以椰菜花做成飯，是一個保留傳統滋味又非常健康、低碳的素菜食譜。

材料

椰菜花..............1/2 個
番茄...........1 個（切件）
車厘茄.........4 顆（切半）
檸檬....................1 個
法邊豆..................6 條
蘑菇...........4 顆（切片）
杏鮑菇.........1 個（切件）
粟米芯.........4 條（切半）
黑橄欖.........6 顆（切半）
新鮮番茜 ....2 湯匙
小紅椒.........1 個（切件）
小黃椒.........1 個（切件）
蔬菜高湯 ....100 毫升
純素芝士碎 ....2 湯匙

炸漿

番茄醬..............2 湯匙
番紅花粉 ....1 茶匙
薑黃粉...............1 茶匙
煙燻甜椒粉 ....2 茶匙
岩鹽..................1 茶匙
黑胡椒碎 ....1 茶匙

做法

1. 將椰菜花切成米粒大小，備用。
2. 雞髀菇切片，用刀或吸模在中間位置切出小洞。
3. 在大平底鑊燒熱油，放入所有蔬菜拌炒至熱透及呈微金黃，盛起備用。
4. 平底鑊內放入切好的椰菜花，加入橄欖油、番茄醬、番紅花粉炒香，再倒入蔬菜高湯以小火拌煮。
5. 當椰菜花開始變軟，加入薑黃粉、煙燻甜椒粉、岩鹽、黑胡椒碎及純素芝士碎，以小火煮至椰菜花變成飯一般，最後鋪上炒好的蔬菜及檸檬即成。

素食 TIPS

- 椰菜花不要使用攪拌機切碎，以免太碎和產生多餘水分變成椰菜花蓉；建議使用食物刨或用刀細切。

純素

地中海薑黃番茄意粉沙律

還記得在以色列的菜市場有着各式各樣的地中海蔬菜，看得我目不暇給！

圓圓飽滿的番茄、表皮光滑的馬鈴薯、色彩繽紛的燈籠椒，以及產自地中海的橄欖油……在雅法古城的 Café ，讓我創作了這個食譜。

做法

1. 燒滾一鍋水，放入米形意粉，加入初榨橄欖油煮 8-10 分鐘。
2. 將煮好的米形意粉取出，與初榨橄欖油拌勻以提升味道。
3. 米形意粉、車厘茄、墨西哥彩椒、黑橄欖放入大碗，加入提子乾、薑黃粉、肉桂粉、初榨橄欖油、楓糖、岩鹽及黑醋拌勻，最後灑入番茜碎及腰果即成。

材料

米形意粉 .... 100 克
車厘茄....5-6 顆（每顆切成 4 份）
黑橄欖........................5 顆
提子乾.....................1 湯匙
墨西哥彩椒 ...2 個（去瓤、切粒）
即食腰果 ....1 湯匙
番茜碎...................... 10 克
特級初榨橄欖油 ....3 湯匙

調味料

楓糖........................2 湯匙
黑醋........................1 湯匙
肉桂粉.....................2 茶匙
岩鹽........................1 茶匙
薑黃粉.....................4 茶匙

素食 TIPS

- 米形意粉與橄欖油拌勻，以免意粉結成一團。
- 米形意粉英文稱為 Orzo，外型與意大利飯相似，吸水力強，有嚼勁，烹煮時間較意大利飯快。
- 這款沙律的味道微酸甜，帶有濃濃的薑黃及肉桂味，搭配自家喜愛的蔬菜及果仁，味道及營養同樣加分。

蛋奶素

免焗日式大阪燒 Pizza

日式大阪燒必須調好麵漿，加入蔬菜煎煮而成，工藝技術相對較多，而且麵漿分量需要調節合適。這個免焗 Pizza 免去很多步驟，卻能感受大阪燒的風味！以天貝作為「素煙肉」；素蠔油做成簡單的燒汁。我相信，簡單又好味的食譜是每個人希望找到！

材料

- 甘筍……………1 個（切條）
- 椰菜…………1/4 個（切條）
- 菠蘿……………1 片（切塊）
- 鮮冬菇…………3 朵（切片）
- 天貝……….1/2 個（切細塊）
- 芝士碎……………… 2 湯匙
- 紫菜碎……………… 1 湯匙
- 墨西哥餅皮 ………….1 塊

調味料

- 煙燻甜椒粉 ………. 1 茶匙
- 岩鹽………………… 1 茶匙
- 黑胡椒碎 ………… 1 茶匙

日式燒汁

- 素蠔油……………… 2 湯匙
- 蜜糖………………… 1 湯匙
- 味醂………………… 1 湯匙

芥末沙律醬

- 蛋黃醬……………… 2 湯匙
- 芥末醬……………… 1 湯匙
- 香菇粉……………… 1 茶匙

做法

1. 天貝片放於碗內，加入煙燻甜椒粉、岩鹽及黑胡椒碎拌勻。
2. 下油熱鑊，放入天貝片煎至兩邊呈金黃色，備用。
3. 將日式燒汁及芥末沙律醬分別拌勻，置於擠花袋（如家裏沒有，可省略）。
4. 墨西哥餅皮鋪平，灑上芝士碎，鋪上甘筍絲、椰菜絲、冬菇片、菠蘿及天貝片，再灑上芝士碎。
5. 將餅皮放於平底白鑊，加蓋，以中慢火烤約 8-10 分鐘至芝士溶化，上碟。
6. 最後，剪開兩款擠花袋，均勻地擠到薄餅上，最後灑上紫菜碎即成。

素食 TIPS

- 在平底鑊烘烤時，留意餅皮底部會否過熟，需要不時調節爐火溫度，以免烘至焦黑。
- 天貝以煙燻甜椒粉等拌醃，味道與煙肉相似。

純素、
五辛素

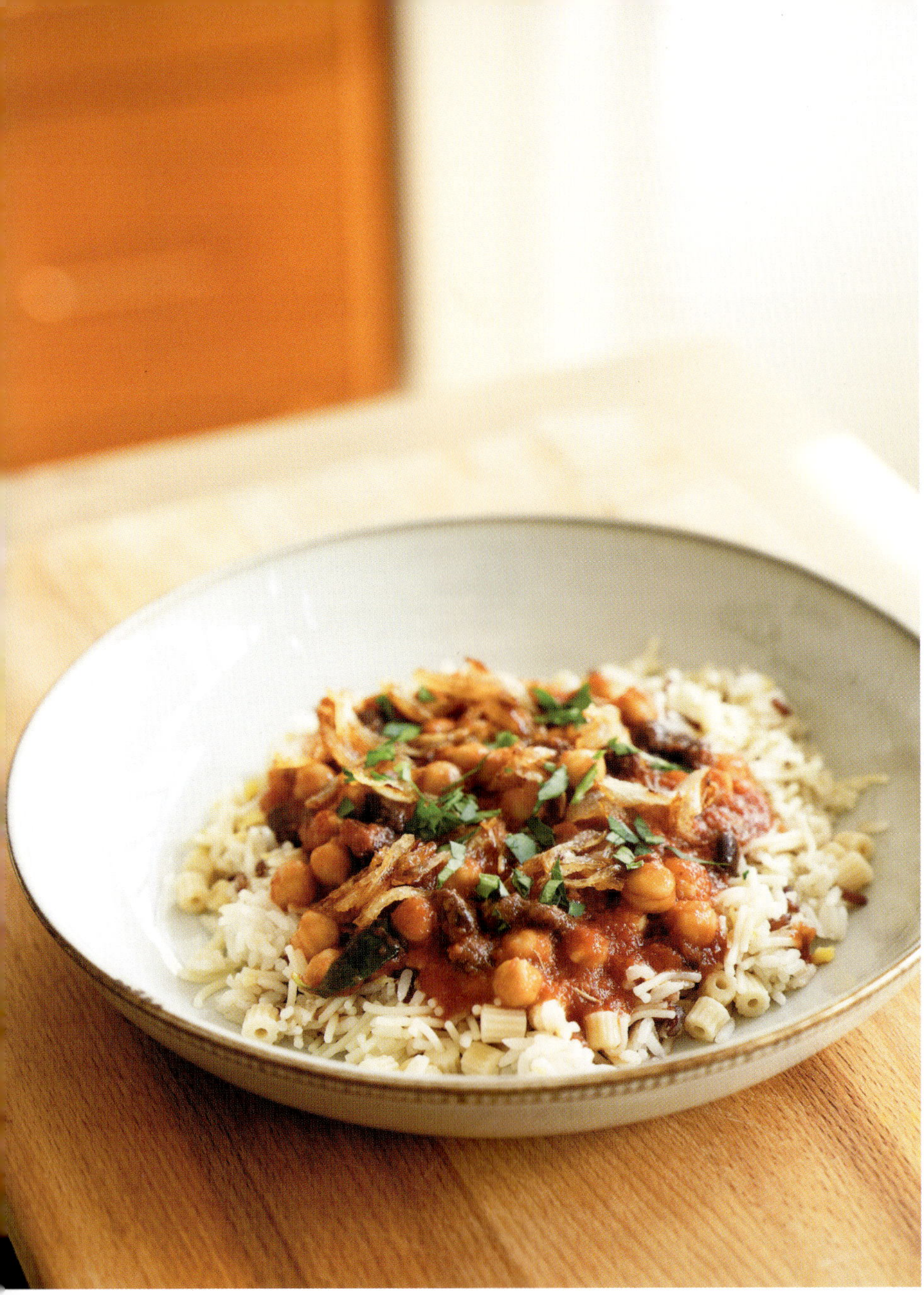

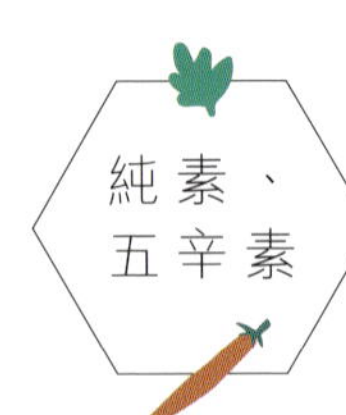

埃及國菜庫粉里

這道埃及國菜相傳由印度傳入，經過多年演變成現時的版本。當時到訪開羅，導遊帶我們到當地市集用餐，並強烈推薦試吃這道「埃及國菜」。以多種豆類、意粉及新鮮蔬菜做成，微酸帶辛辣，讓我們一試愛上！

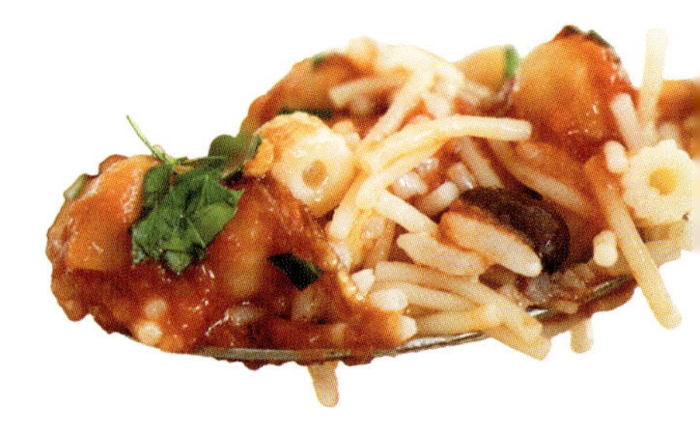

材料

短意粉……50克
小通心粉……50克
白飯……1碗
洋葱……1個（切絲）
番茄……4個（切件）
扁豆……30克
黑豆……20克
鷹嘴豆……20克
蒜頭……4瓣（切成蓉）
番茄膏……2湯匙
新鮮羅勒葉……4-5片
新鮮番茜碎……1小束
迷迭香碎……1茶匙
孜然粉……1茶匙
植物油……5湯匙

調味料

辣椒醬……1茶匙
白醋……5克

做法

1. 燒熱水，放入短意粉及小通心粉分別煮熟，盛起，瀝乾水分。
2. 下植物油熱鑊，放入洋葱絲以慢火炒至金黃色，盛起，炸油預留備用。
3. 番茄件放入攪拌機，攪拌成番茄醬。
4. 在另一鑊內，倒入炸洋葱油加熱，加入扁豆、黑豆、鷹嘴豆、蒜蓉、番茄醬、番茄膏、辣椒醬、羅勒葉、迷迭香碎、孜然粉拌勻炒香，加入白醋調味。
5. 加入短意粉及小通心粉拌炒，最後鋪在白飯上享用。

素食 TIPS

- 若沒有小通心粉及短意粉，可用快速煮熟的通心粉及普通意粉（剪成 2cm 長）代替。
- 若不吃五辛，可省掉洋葱，味道不會有太大影響。

純素

美式水牛城不是素雞鎚

水牛城雞翼的重點在於醬汁調配，酸酸辣辣，開胃又惹味！我將椰菜花切開，形狀就似一個一個雞鎚。醬汁與椰菜花融合一起，產生欲罷不能、一吃再想吃的品味效果。

材料

椰菜花……………… 1 個
新鮮番茜 ….10 克（切碎）
植物油……….. 500 毫升

調味料

岩鹽……………… 1 茶匙
黑胡椒碎 ……….. 1 茶匙

麵漿料

麵粉………………. 50 克
煙燻甜椒粉 …….. 3 茶匙
水 …………….. 100 毫升

醬汁（拌勻）

番茄醬…………… 5 湯匙
辣椒仔…………… 1 湯匙
楓糖……………… 1 湯匙
水 …………….. 100 毫升

做法

1. 椰菜花放於大碗內，加入岩鹽浸洗 10 分鐘，切成小棵。
2. 燒滾一鍋水，放入小椰菜花煮約 2-3 分鐘，盛起，浸泡凍水，瀝乾備用。
3. 麵粉、煙燻甜椒粉及水盛於碗內，攪拌成麵漿，放入小椰菜花逐一沾上麵漿。
4. 燒熱植物油，放入沾上麵漿的椰菜花炸成金黃色，盛起，瀝乾油分備用。
5. 下油熱鑊，放入已炸好的椰菜花，加入醬汁炒至均勻地沾上椰菜花，撒上番茜碎即成。

素食 TIPS

- 椰菜花預先用鹽水浸洗，有助去除蟲子，乾淨衞生。
- 將椰菜花先煮 2-3 分鐘，能排走多餘的水分，再下油炸時以免油花四濺。

純素、
五辛素

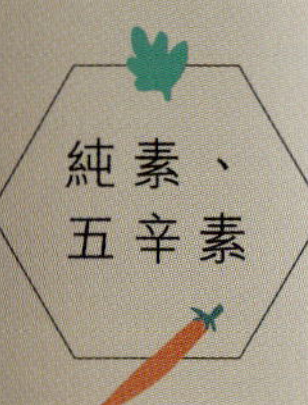

以色列鷹嘴豆餅
配黑松露鷹嘴豆醬

鷹嘴豆餅，是我在以色列旅遊時最愛的小吃！以新鮮香草和鷹嘴豆做成的小煎餅，無論是傳統風味，或是搭配黑松露、辣椒、茄子泥等，都是風味一絕的菜式！

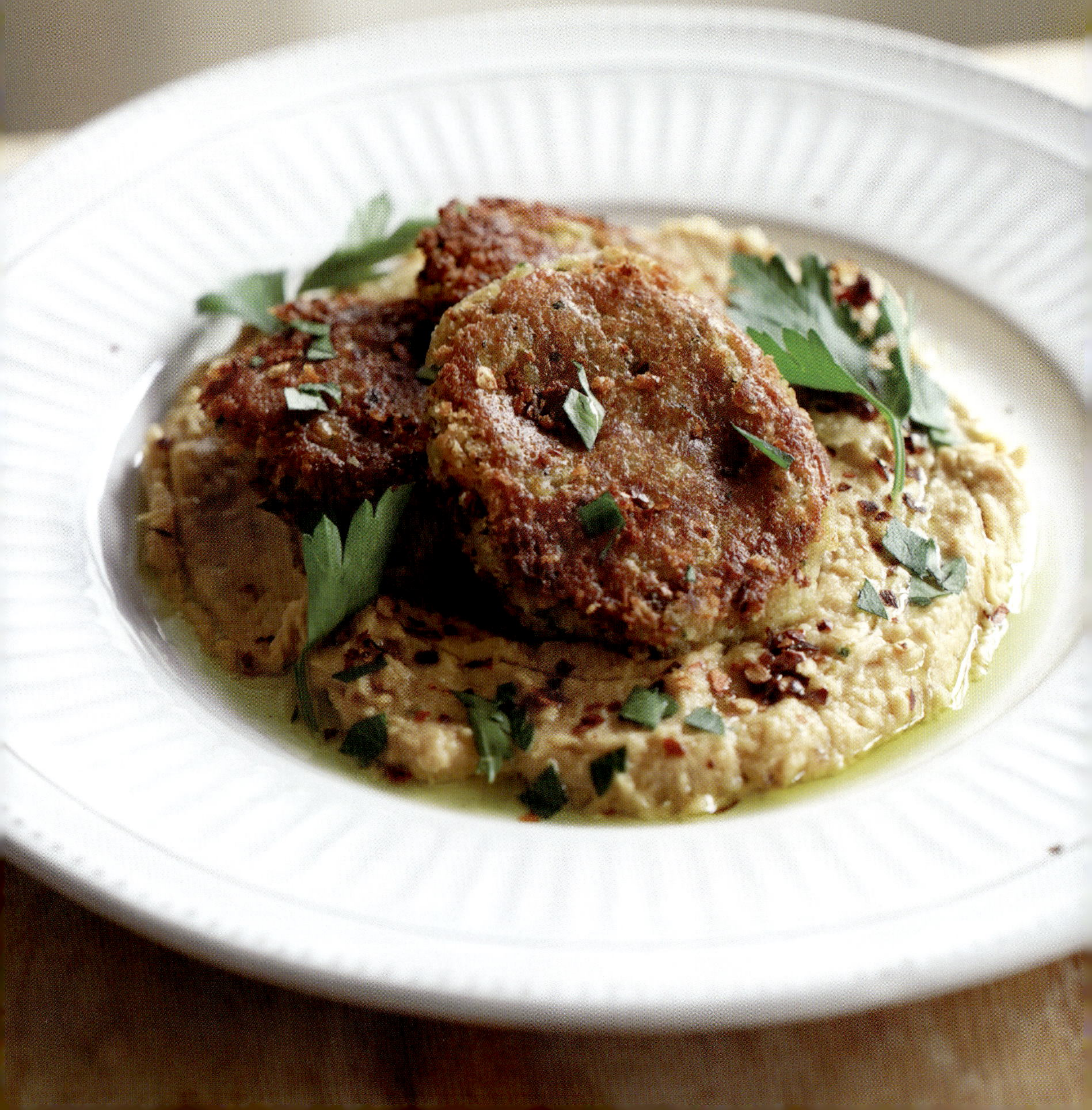

材料

罐頭鷹嘴豆 .... 1 罐
新鮮茴香葉 .... 20 克
新鮮番茜葉 .... 20 克
孜然籽 .... 1 湯匙
茴香籽 .... 1 湯匙
洋葱 .... 1 個（切碎）
蒜頭 .... 4-5 小瓣
檸檬 .... 1 個（榨汁）
泡打粉 .... 1 茶匙
中筋麵粉 .... 20 克
橄欖油 .... 1 湯匙
植物油 .... 100 毫升

調味料

甜椒粉 .... 2 茶匙
岩鹽 .... 適量
黑胡椒碎 .... 適量

黑松露鷹嘴豆醬

鷹嘴豆 .... 80 克
味噌 .... 40 克
黑松露醬 .... 30 克
岩鹽 .... 1 茶匙
蘋果醋 .... 1 湯匙
原蔗糖 .... 1/2 茶匙
橄欖油 .... 6 湯匙
辣椒碎 .... 適量

做法

1. 孜然籽及茴香籽在白鑊加熱炒香。
2. 將炒香的孜然籽、茴香籽、新鮮茴香葉、新鮮番茜葉、鷹嘴豆、洋葱粒、蒜頭、甜椒粉、岩鹽、黑胡椒碎、檸檬汁、泡打粉、中筋麵粉及橄欖油，放於攪拌機攪打混合。
3. 舀起一湯匙混合物，在手掌間搓成圓形球狀。下植物油熱鑊，放入鷹嘴豆球按成餅狀，煎至金黃色，盛起備用。
4. 將黑松露鷹嘴豆醬材料放入攪拌機，攪打成鷹嘴豆泥，上碟。
5. 放上鷹嘴豆餅，可酌加橄欖油及黑松露醬點綴。

素食 TIPS

- 鷹嘴豆餅可加入煮熟的薯仔攪拌，口感更佳。
- 鷹嘴豆醬根據個人喜好，加入辣椒仔、茄子蓉、蘑菇蓉代替黑松露醬，做出與別不同的風味。

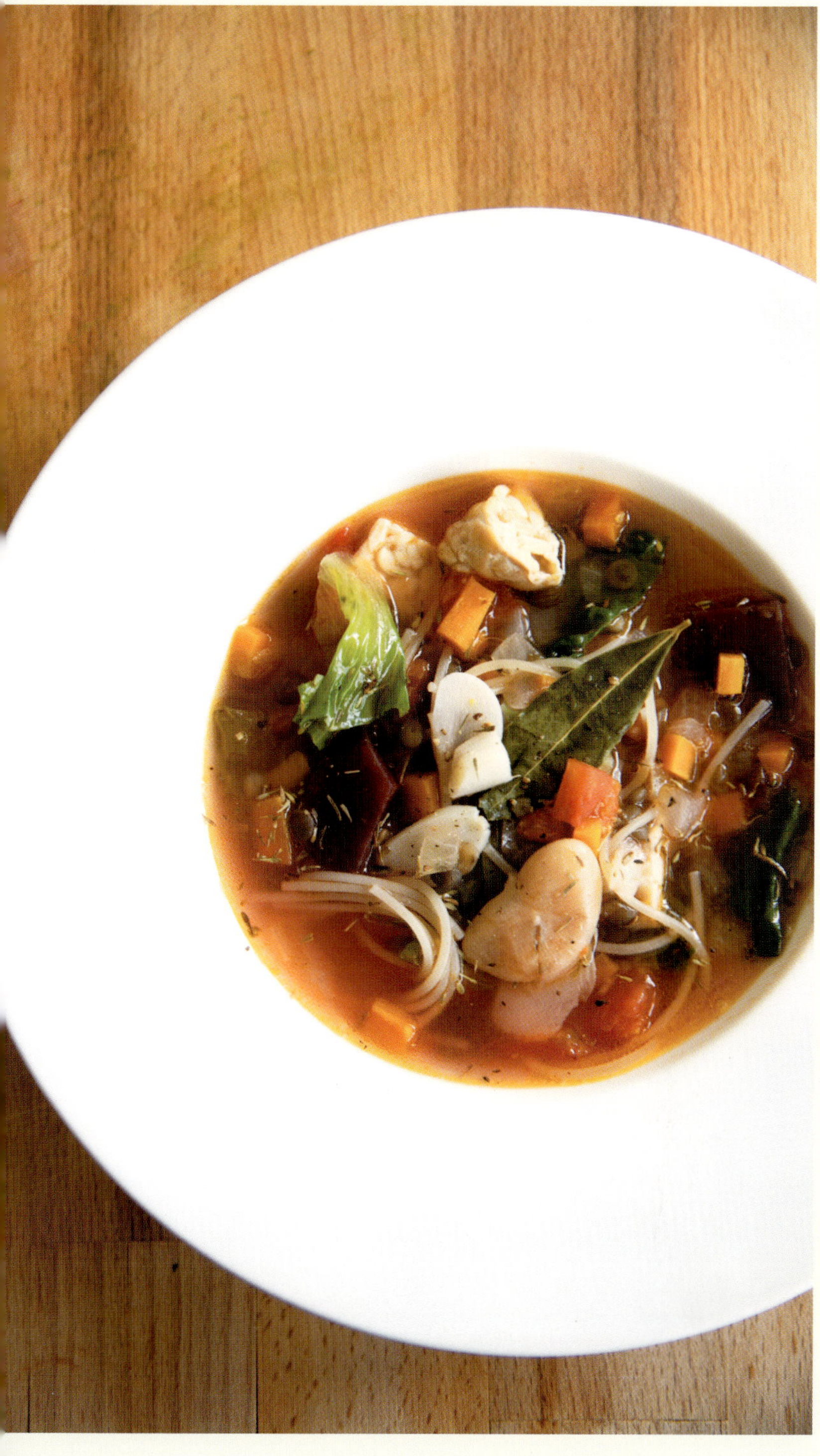

葡萄牙農村雜菜湯

傳統的雜菜湯大多以番茄、甘筍和西芹作為基礎，這道葡式農村雜菜湯加入意粉和生菜，在冬日的歐洲是一道讓人飽足和暖的菜式！

材料

天貝 .... 1/4 塊（切片）
洋葱 .... 1/2 個（切碎）
蒜頭 .... 1 小個（切片）
甘筍 .... 1/2 條（切粒）
西芹 .... 1/2 片（切粒）
紅菜頭 .... 1/4 個（切粒）
新鮮番茄 .... 1 個
生菜 .... 1 小棵（切段）
扁豆 / 白腰豆 .... 1 湯匙
意粉 .... 30 克
百里香碎 .... 1/2 茶匙
香葉 .... 1 片
水 .... 300 毫升

調味料

岩鹽 .... 1 茶匙
黑胡椒 .... 1 茶匙
香菇粉 .... 1 茶匙

做法

1. 燒熱橄欖油，放入洋葱碎及蒜片炒香，下天貝片炒勻。
2. 加入甘筍粒、西芹粒及番茄碎拌炒，下紅菜頭、水、岩鹽、黑胡椒碎、百里香碎及香葉炒勻。
3. 加入香菇粉拌勻調味，放入意粉煮約 8 分鐘，下扁豆煮 2-3 分鐘，最後加入生菜煮 1 分鐘即成。

素食 TIPS

- 最後加入生菜，可保持爽脆及嫩綠的色澤，提升口感。
- 用不完的天貝用密實袋包裹，並妥善貯存於冰箱，可待下次使用。

煙燻甜椒鷹嘴豆醬 烤椰菜花扒伴焦糖洋葱

近年最流行的健康食材一定非椰菜花莫屬！它既能代替米飯以低碳、高纖維作為主食，又能切成「扒」狀做出富質感的植物扒餐料理。這道菜以煎烤形式製作，搭配我最喜歡的煙燻甜椒粉做成的鷹嘴豆醬，製作簡單，但味道層次豐富！

材料

椰菜花……………………1/2 個
洋葱……………… 1/2 個（切絲）
蒜頭……………… 1/8 個（切片）
番茜………………… 10 克（切碎）
葡萄籽油 ……………100 毫升

調味料

煙燻甜椒粉 ……………2 茶匙
岩鹽………………………3 茶匙
黑胡椒碎 ………………2 茶匙

鷹嘴豆泥

即食鷹嘴豆 …………… 160 克
芝麻醬……………………3 湯匙
辣椒仔……………………2 茶匙
檸檬……………… 1/2 個（榨汁）
煙燻甜椒粉 ……………2 茶匙
岩鹽………………………3 茶匙
辣椒碎……………………1 茶匙
橄欖油………………… 100 毫升

做法

1. 椰菜花放入開水，加入岩鹽浸泡約 10 分鐘，瀝乾備用。
2. 椰菜花切成扒形，抹上葡萄籽油，兩邊灑上煙燻甜椒粉、黑胡椒碎及岩鹽拌勻調味。
3. 燒熱葡萄籽油起鑊，放入椰菜花扒以慢火煎香兩邊，備用。
4. 將鷹嘴豆、橄欖油、芝麻醬、煙燻甜椒粉、岩鹽、辣椒碎、辣椒仔、檸檬汁放入攪拌機，攪拌成鷹嘴豆泥備用。
5. 燒熱橄欖油，放入洋葱絲煎成金黃色，備用。
6. 燒熱橄欖油，放入蒜片及番茜碎爆香，備用。
7. 碟內先抹上鷹嘴豆泥，再放上椰菜花扒，扒面鋪上蒜片番茜碎醬，以少許檸檬汁及辣椒提升味道，最後以焦糖洋葱絲伴碟享用。

素食 TIPS

- 椰菜花扒保持約 2-3cm 厚度，如太薄花粒容易散碎。
- 不吃五辛的話，可省略洋葱部分；醬汁以番茜及黑醋醬代替。

CHAPTER 4

法式甜品與純素，兩者融和，
無蛋、無奶的法式手作甜藝，
嘗到的，依然是極致的甜品口味。

法式
純素甜品

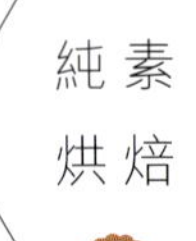

雞蛋的作用和代替品

雞蛋是烘焙中不可或缺的成分之一，其多元化的功能成為許多甜點和麵包配方的關鍵。在烘焙中，雞蛋主要起着結構、濕潤、乳化和膨鬆的作用。蛋白質在加熱時凝固，提供甜點的結構和穩定性；蛋黃的脂肪增加濕潤度和風味。此外，雞蛋還能幫助其他成分均勻混合，並在烘焙過程中捕捉空氣，促進膨鬆，令製成品更加鬆軟可口。然而，隨着純素飲食和過敏需求的增加，越來越多人需要尋找替代雞蛋的食材，並在不影響品質的情況下，模擬雞蛋的多重功能。

雞蛋在烘焙的主要作用

1	**結構與穩定性**	雞蛋的蛋白質在加熱時會凝固，為蛋糕、餅乾和麵包提供結構，有助保持甜點的形狀，防止塌陷。
2	**膨鬆作用**	拂打雞蛋時可以捕捉空氣，形成穩定的泡沫，對於天使蛋糕、梳乎厘和馬卡龍等甜點的膨鬆效果最為重要。
3	**乳化效果**	蛋黃的卵磷脂能穩定水和油的混合物，確保麵糊或麵糰均勻性，避免分層，提升口感。
4	**保濕與柔軟度**	雞蛋的液體成分有助保持麵糊濕潤，使烘焙成品更柔軟潤澤。
5	**風味與顏色**	雞蛋能增強甜點的風味，並在烘焙過程中提供誘人的金黃色外皮，保持精緻的賣相。

純素植物代替品

代替雞蛋的純素材料種類繁多，獨特的特性為甜點及麵包烘焙賦予新力量，為茹素人士帶來另一番烘焙新體驗。

1 **蘋果醬**

蘋果醬是常見的純素雞蛋替代品，適合製作蛋糕和餅乾。蘋果醬 1/4 杯可替代雞蛋 1 個，提供濕潤度和自然的甜味。蘋果的果香增添風味，特別適合甜點烹調。由於其水分含量高，使用蘋果醬可減少其他液體成分用量。

2 **亞麻籽粉 / 奇亞籽粉**

亞麻籽粉或奇亞籽粉是常用的純素雞蛋替代品。粉狀 1 湯匙與水 3 湯匙混合並靜置 5 分鐘，會形成黏稠的凝膠，可模仿雞蛋的結構作用，適合用於餅乾、鬆餅和麵包製作，提供濕潤和穩定性。亞麻籽及奇亞籽富含 Omega-3 脂肪酸，是健康飲食的好選擇；但有可能影響甜點的口感，帶些堅果風味。

3 **嫩豆腐**

是一種優秀的雞蛋替代品。將嫩豆腐 1/4 杯攪打後可替代雞蛋 1 個，能提供豐富的蛋白質和濕潤度。豆腐的味道較中性，適合用於各種烘焙食品，特別是蛋糕和布朗尼，能增加結構性，並使成品更柔軟。

4 **香蕉**

熟香蕉是常見的純素雞蛋替代品，特別適合用於甜點。熟香蕉 1/2 隻可替代雞蛋 1 個，能提供自然的甜味和濕潤度。香蕉的風味較強，適合用於香蕉麵包、鬆餅和蛋糕。由於其糖分高，使用時可適當減少其他糖的用量。

5 南瓜泥／番薯泥

南瓜泥和番薯泥提供濕潤和濃郁的口感，適合秋冬季節製作的風味甜點。南瓜泥或番薯泥 1/4 杯可替代雞蛋 1 個，適用於蛋糕、餅乾和麵包，並帶有天然的橙黃色澤和微甜風味，提升成品的視覺效果。不過，這類替代品可能使成品的質地更緊實，不適合需要輕盈質感的甜點。

6 鷹嘴豆水

鷹嘴豆水（Aquafaba）是烹煮鷹嘴豆的液體，能用作蛋白替代品。鷹嘴豆水 3 湯匙可替代雞蛋 1 個，並能打發成泡沫，適合用於製作蛋白霜和忌廉，其中性味道適合用於各種烘焙食品，並提供良好的結構和輕盈感，特別製作蛋糕和餅乾烘焙時。

7 花生醬／杏仁醬

花生醬或杏仁醬能為餅乾提供結構性和濕潤度，每 3 湯匙可替代雞蛋 1 個。堅果醬帶有濃郁的堅果風味，適合製作堅果味的甜點。需注意其黏稠度可能影響麵糊的攪拌，需要額外的液體調整。

8 薑黃粉

薑黃粉是一種天然的黃色著色劑，常用於純素烘焙模仿蛋黃的顏色。雖然薑黃粉本身沒有雞蛋的結構、濕潤或膨鬆效果，但在製作純素蛋糕、甜點或純素版「炒蛋」時能提供與雞蛋相似的金黃色澤。薑黃粉的味道略帶甘苦味，建議使用量少，通常搭配其他雞蛋替代品（如亞麻籽粉或嫩豆腐）共同使用。此外，薑黃粉的抗氧化和抗炎性健康特性，成為健康飲食中多功能添加物。

9 商業蛋替代品

市售雞蛋替代品（如 Bob's Red Mill Egg Replacer）專為純素烘焙設計。多數產品由澱粉和膨鬆劑組成，按包裝指示使用即可。這些替代品具有穩定的性能，提供結構、濕潤和膨鬆效果，適用於多種類型的甜點，是方便的全方位選擇。

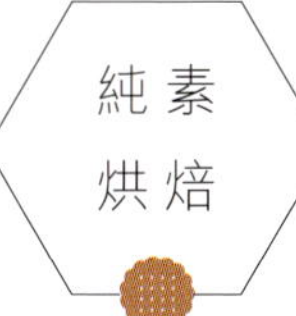

植物奶、健康糖之選配

植物奶

1 杏仁奶 Almond Milk

杏仁奶是由浸泡的杏仁和水製成的植物奶，口感輕盈，帶有淡淡的堅果風味。脂肪含量較低，富含維他命 E 和抗氧化劑，對皮膚健康有益。烘焙時，杏仁奶可用於蛋糕、鬆餅和餅乾，特別適合需要輕盈口感的甜品。由於帶有自然的甜味，通常毋須額外添加糖，是健康飲食的理想選擇。

2 豆奶 Soy Milk

豆奶是由黃豆和水製成的植物奶，蛋白質含量高，口感濃郁。它富含植物雌激素和多種維他命，對心血管健康有益。由於味道較清淡，所以豆奶在烘焙過程用途非常廣泛，適合用於代替一般奶類製成蛋糕和麵包，提供良好的結構和濕潤度。由於其獨特的風味，豆奶可用於製作各種飲品和純素沙律醬，成為純素者的常見選擇。

3 椰奶 Coconut Milk

椰奶是由椰子肉和水混合而成，具有濃郁的椰子風味和較高的脂肪含量。它富含中鏈脂肪酸，有助提高能量和促進新陳代謝。椰奶在烘焙中常用於熱帶風味的甜品，如椰子蛋糕和餅乾，能增加濃郁的口感。椰奶適合用於咖啡和奶昔，為飲品增添獨特的風味。

4 燕麥奶 Oat Milk

燕麥奶是由燕麥和水製成的植物奶，口感滑順，帶有自然的甜味。它富含纖維，有助消化和維持血糖穩定。燕麥奶非常適合用於各種甜品，特別是需要增加濕潤感的食譜，如蛋糕和鬆餅。由於其環保特性，燕麥奶漸漸受到越來越多消費者青睞，成為健康飲食的熱門選擇。

健康糖

1 椰子糖 Coconut Sugar

椰子糖來自椰子花蜜，經蒸發脫水後製成結晶，帶有淡淡的焦糖風味，甜度略低於白糖，是替代黃糖的理想選擇。椰子糖富含微量礦物質，如鉀、鎂和鋅，並有較低的升糖指數（GI），適合關注血糖水平的健康人群。椰子糖的顆粒比細砂糖粗，溶解速度稍慢，適合用於餅乾、蛋糕和燕麥棒等烘焙食品，需注意其溶解特性。椰子糖是一種天然、未經精製的糖，帶有豐富的風味層次，非常適合健康烘焙需求。

2 楓糖漿 Maple Syrup

楓糖漿是從楓樹的樹液提煉出來，經過蒸煮和濃縮而獲取。楓糖漿不僅成分天然，還保留了楓樹的營養成分，尤其是抗氧化劑、鋅和錳等礦物質。甜度與白糖相似，但帶有豐富的香氣，非常適合提升鬆餅、麵包、蛋糕等甜點的層次感。其吸濕性可能會影響烘焙質地，因此在使用時需調整配方中的液體比例。楓糖漿含有較少加工成分，與精製糖相比更為天然，因此在素食者和有健康考量的人群中很受歡迎。其升糖指數低於白糖，因此對血糖的影響較小，尤其適合希望減少糖分攝取量的人士。楓糖漿含有定量的維他命 B_2 和 B_5，有助能量代謝。

3 香蕉泥 Mashed Banana

香蕉泥是將熟香蕉壓成泥狀的天然甜味劑，富含纖維、鉀和維他命 C，其天然甜味和濕潤度成為烘焙的理想選擇，特別適合用於蛋糕、鬆餅和餅乾。香蕉泥能增加甜味，還能提供豐富的營養，讓甜品更加健康。由於香蕉是天然食材來源，是許多純素者和健康飲食者製作烘焙產品的熱門選擇。

4 椰棗糖 Date Sugar

椰棗糖由椰棗乾燥後磨粉製成，保留了椰棗的天然纖維和營養物質，是一種天然健康的糖類。它帶有濃郁的焦糖和果香味，甜度適中，但不完全溶解於液體，適合製作餅乾、燕麥棒和其他需保持顆粒感的烘焙食品。由於椰棗糖保留原始水果成分，含有少量維他命、礦物質和抗氧化劑，是健康甜點的理想選擇。可是，椰棗糖不能替代糖霜或細砂糖在結構中的作用，需根據配方需求靈活調整使用。

5 羅漢果糖 Monk Fruit Sugar

羅漢果糖是由羅漢果提取物製成的天然甜味劑，甜度高於白糖但不含熱量。它不會引起血糖波動，非常適合糖尿病人或低碳飲食者。由於純羅漢果糖甜度過高，市場上的羅漢果糖通常與赤藻糖混合使用，以改善口感，而且方便使用。羅漢果糖無法提供白糖的結構性支持，在烘焙過程中需調整其他成分以保持質地，特別適合健康糕點和低卡路里甜點的製作。

6 赤藻糖 Erythritol

赤藻糖是一種天然存在於水果中的糖醇，甜度約為白糖的 70%，但幾乎不含熱量。赤藻糖不影響血糖，也不會引發蛀牙，非常適合糖尿病患者和關注健康的人士。赤藻糖的質地與白糖相似，在烘焙中提供良好的甜味效果，但高劑量使用可能引起腸胃不適，因此需適量使用。它適合製作餅乾、蛋糕、布甸等多種甜點，特別適合低碳或無糖食譜應用。

純素

法式瑪德蓮

瑪德蓮（Madeleine）是經典的法式小甜點之一，形狀似貝殼形，而且一邊呈凸起的「小肚子」，在時間控制上如果稍有差池，可能做不到「小肚子」的效果，所以攪拌麵糊和入爐時間都要拿捏精準。

材料

中筋麵粉 .... 68 克
粟粉 .... 14 克
泡打粉..... 1 克（1/4 茶匙）
梳打粉.. 0.5 克（1/8 茶匙）
無糖豆乳 .... 52 克
原蔗糖................ 26 克
└→或海藻糖........ 31 克
葵花籽油 .... 20 克
楓糖漿................ 12 克
檸檬汁.................. 8 克
岩鹽............... 1/8 茶匙
雲呢拿油 .... 1/8 茶匙
薑黃粉................. 適量

做法

1. 將原蔗糖、無糖豆乳、葵花籽油、楓糖漿、檸檬汁、岩鹽、雲呢拿油、薑黃粉放於大碗內，攪拌均勻。
2. 加入已過篩的中筋麵粉、粟粉、泡打粉及梳打粉，拌勻至無顆粒狀的麵糊。
3. 將麵糊倒進瑪德蓮模具至九分滿。
4. 預熱焗爐至攝氏 190 度，放入模具焗約 13-15 分鐘，至呈金黃色即成。

素食 TIPS

- 不要加入過多薑黃粉，否則影響味道。
- 梳打粉遇上酸性材料時會立刻發揮作用，所以麵漿拌勻後要盡快倒入模具，並立刻放入焗爐烤焗；否則可能影響烘焗的效果。
- 烤焗前先用小掃在模具均勻地塗上牛油，方便脫模。

純素

純素檸檬核桃磅蛋糕

在法國甜點文憑課程學滿所成後，我不斷研究製作純素版本的法式甜點，希望可以將更多的純素法式甜點帶給所有素食者！這個檸檬磅蛋糕，帶有檸檬清香，又富有核桃的口感，相信可以讓純素食者或非素食者愛上！

材料

T45 低筋麵粉 ....250 克
泡打粉.....................1 包
梳打粉..............1/4 茶匙
生粉.................... 1 茶匙
鹽.....................1/4 茶匙
純素乳酪 ....250 克
金砂糖.................280 克
檸檬皮................. 1 湯匙
檸檬汁....................80 克
葡萄籽油 ....100 克
核桃............. 20 克（壓碎）

做法

1. 純素乳酪及金砂糖放於大碗內，用打蛋器拂打至沒有顆粒狀。
2. 加入檸檬皮、檸檬汁及葡萄籽油，繼續用打蛋器拌勻。
3. 灑入已過篩的麵粉、泡打粉、梳打粉、生粉及鹽，拌勻至完全融合，灑上核桃碎。
4. 在蛋糕模具塗上油或鋪上牛油紙，倒入麵糊至八分滿。
5. 預熱焗爐至攝氏 180 度，放入模具焗約 45 分鐘，取出，放涼。
6. 脫模後置於碟上，享用時可灑上糖霜作為裝飾。

素食 TIPS

- 法國麵粉分為不同種類，T 字後面的數字愈小，表示此麵粉的精製程度愈高，麵粉的顏色愈白，所含麩皮的礦物質不同。法國麵粉 T45 是最細緻的麵粉，常製作蛋糕及小糕點。
- 純素乳酪以椰子及大豆等製成，含豐富的蛋白質，香濃可口，質感幼滑，適合製作蛋糕。

純素

法式吉士鮮雜果撻

這是其中一款我最喜愛的甜點，可以隨個人喜好加入不同風味的水果，然後排列出如圖畫般呈現出來。我經常說：「做一道菜就好比畫家繪畫一幅畫作，讓食客感受烹調者的心思和創意。」

吉士醬做法

1. 吉士粉和原蔗糖混合；無糖豆奶煮滾，備用。
2. 將 1/3 無糖豆奶倒入碗內，與吉士粉和原蔗糖混合，再倒回鍋內，用打蛋器不停攪拌至滾起，熄火，用手提攪拌棒攪拌混合直至沒有顆粒。
3. 吉士醬倒在盤內，以保鮮紙包裹，放入雪櫃冷藏 30 分鐘。

批底材料

杏仁粉……200 克
原蔗糖……100 克
T45 低筋麵粉……100 克
薯仔澱粉……100 克
純素牛油……160 克
雲呢拿油……1 湯匙

鮮果

士多啤梨……1 盒
藍莓……50 克
菠蘿……1 片
芒果……1 個
薄荷葉……數片

吉士醬

吉士粉……42 克
原蔗糖……35 克
植物奶……500 克

批底做法

1. 將杏仁粉、原蔗糖、T45 麵粉及薯仔澱粉拌勻，加入純素牛油及雲呢拿香油攪拌，用手搓成軟滑的麵糰。
2. 將麵糰搓成球型，壓平，用保鮮紙包好，放入雪櫃冷藏 30 分鐘。
3. 取出麵糰後，放在兩張牛油紙之間，以擀麵棒擀成 4cm 厚。
4. 預備 10 吋批撻模具，剪裁圓形餅皮鋪在模具內，用叉子戳上小孔。

綜合做法

1. 撻皮放入烘焙豆，放入已預熱焗爐以攝氏 180 度焗約 10-15 分鐘，至撻皮呈金黃色，放涼，脫模。
2. 吉士醬放入擠花袋，均勻地擠在撻面，鋪上鮮果，以薄荷葉裝飾即成。

素食 TIPS

- 製作吉士醬時，請用打蛋器不停攪拌，以免焦底。
- 撻皮放入模具時，如發現撻皮變軟，先將撻皮麵糰放回雪櫃冷藏 10 分鐘，才再進行落模程序。
- 加入鮮果後，可按個人喜好塗抹果膠，令果撻更美觀。

純素

法式經典可麗露

如果說法式洋葱湯是其中一道法式經典菜式，那甜點一定非可麗露莫屬了。外皮脆脆，內裏軟滑，這個小甜點在法國相當流行，今次分享的純素版本可麗露，我認為跟蛋奶版本同樣滋味！

做法

1. 用小刀割開雲呢拿條，取出內部的雲呢拿籽，備用。
2. 鍋內加入無糖豆奶、雲呢拿籽及雲呢拿條，煮滾。
3. 大碗內放入嫩豆腐、金砂糖、番薯粉、低筋麵粉及杏仁醬，用攪拌器攪拌，慢慢倒入煮滾的豆奶拌勻，加入冧酒，密封貯存雪櫃待 24 小時。
4. 在可麗露模具噴上葵花籽油或塗上純素牛油，倒入冷藏了 24 小時的麵糊至八分滿。
5. 放入已預熱焗爐，以攝氏 200 度焗約 1 小時即成。

材料

無糖豆奶 ....500 毫升
雲呢拿條 ....1 條
嫩豆腐.................... 100 克
金砂糖.................... 250 克
番薯粉.....................2 湯匙
T45 低筋麵粉 .... 100 克
杏仁醬.....................2 湯匙
冧酒 .... 100 毫升
葵花籽油 ....50 克

素食 TIPS

- 番薯粉可代替雞蛋，帶有黏稠的效果。
- 如沒有杏仁醬，以花生醬代替味道也不錯。
- 倒入麵糊前，先在模具均勻地噴上油或用小掃塗抹牛油，有助更容易脫模。
- 可麗露即焗即吃，口感更佳；若需保存應放置雪櫃冷藏，並於食用前在焗爐回溫。
- 不宜放在密封袋存放，否則外皮變軟。

純素

法式費南雪蛋糕

費南雪（Financier）又稱為金磚蛋糕，一般使用杏仁製作，整個蛋糕都是滿滿的杏仁味。這個純素版本用上杏仁粉及純素乳酪，輕鬆做出鬆軟的小金磚蛋糕！

材料

- 無糖純素乳酪 .... 200 克
- 糖粉 .... 170 克
- 葵花籽油 .... 60 克
- T45 低筋麵粉 .... 100 克
- 杏仁粉 .... 120 克
- 岩鹽 .... 1/8 茶匙
- 泡打粉 .... 5 克
- 純素牛油 .... 10 克
- 核桃 .... 適量（裝飾用）

做法

1. 大碗內放入純素乳酪及糖粉，攪拌均勻。
2. 加入葵花籽油、低筋麵粉、杏仁粉、岩鹽及泡打粉，拌成平滑的麵糊，裝入擠花袋內。
3. 在模具掃上純素牛油，將麵糊擠進模具至八分滿，表面鋪上核桃。
4. 放入已預熱焗爐，以攝氏 180 度焗約 20-25 分鐘，趁熱享用。

素食TIPS

- 使用原味純素乳酪製作，味道更佳。
- 低筋麵粉、杏仁粉及泡打粉等宜過篩才拌勻，以免出現顆粒狀態。

純素

鮮果椰奶奇亞籽布丁

奇亞籽的膳食纖維高，而且有飽肚感，很多時候被用作替代雞蛋的功能，是一種既高營養又多烹調功能的食材。奇亞籽的味道適合搭配不同材料，配上西米和椰奶，輕鬆做出一道夏日清爽甜點！

材料

奇亞籽........................50 克
雲呢拿條......................1 條
椰奶......................500 毫升
金砂糖........................75 克
西米........................100 克

做法

1. 用小刀直割開雲呢拿條，取出雲呢拿籽。
2. 鍋內放入椰奶、金砂糖、雲呢拿條及雲呢拿籽，煮滾後熄火，將鍋子移離爐火，置於一旁放涼 15 分鐘，取出雲呢拿條。
3. 放入西米，以慢火煮至西米熟透，熄火，加入奇亞籽，放入容器及冷藏。
4. 享用時，配搭自己喜歡的鮮果。

素食 TIPS

- 烹煮西米需時，期間必須定時攪拌，以免焦底；或可加蓋待片刻，西米容易呈現透明狀態。

純素

純素伯爵茶巴斯克蛋糕

純素食材中，腰果常被當作「芝士」的角色！經浸軟後打成醬，吃起上來真的有幾分芝士風味。這個巴斯克蛋糕，加入腰果和嫩豆腐做出水潤的芝士口感，香甜而不膩。

材料

T45 低筋麵粉 ....7 克
生粉 ....10 克
泡打粉 .... 1/2 茶匙
腰果 .... 120 克（浸軟）
純素乳酪 ....100 克
嫩豆腐 ....100 克
楓糖漿 ....70 克
金砂糖 ....15 克
葡萄籽油 ....40 克
檸檬汁 ....15 克
岩鹽 .... 1/4 茶匙
伯爵茶粉 / 茶葉..1 包（用水泡茶）

做法

1. 嫩豆腐放入滾水煮 30 秒，取出，蓋上廚房紙，再放上重物，壓出多餘水分。
2. 在攪拌機內，放入腰果、嫩豆腐及其他材料，攪拌均勻至沒有顆粒狀。
3. 焗盤以牛油紙包好，倒入麵糊，靜置一會。
4. 放入已預熱焗爐，以攝氏 200 度焗約 50 分鐘。
5. 置於雪櫃冷藏一晚，待翌日脫模即可食用。

素食 TIPS

- 使用無鹽烘烤腰果，更能掌握味道。
- 確保豆腐壓去多餘水分，否則成品出現水汪汪的情況，影響口感。

純素

法式布丁蛋糕

在修讀法式甜點課程中，這是我第一個接觸的法式甜點，雖然做法簡單，但卻有非一般的口感和味道！外皮包裹着布丁軟心，加上西梅提升口感層次，初學者絕對要試試！

材料

中筋麵粉 .... 125 克
吉士粉 .... 30 克
西梅 .... 50 克
雲呢拿條 .... 1 條
杏仁奶 .... 800 毫升
金砂糖 .... 125 克
冧酒 .... 30 毫升
純素牛油 .... 30 克

做法

1. 用小刀直剘開雲呢拿條，取出雲呢拿籽，備用。
2. 將雲呢拿籽、杏仁奶、金砂糖、中筋麵粉、吉士粉、25 克純素牛油及冧酒，放進攪拌機打成麵糊。
3. 在錫紙焗盤掃上餘下的純素牛油，鋪上西梅，倒入已拌好的麵糊。
4. 預熱焗爐，放入焗盤以攝氏 180 度焗 1 小時；焗好後冷藏 30 分鐘後享用。

素食 TIPS

- 焗好的蛋糕放在架上放涼 10 分鐘，用保鮮紙包好，放入雪櫃再冷藏 30 分鐘享用。

我的追夢：與法國烘焙甜點之旅

我是一個喜歡創作的人，也是一個喜歡把東西由 0 到 1 實現出來的人，這些年來一直都在創作和創作。

無論是在中學時期寫了一個劇本，把它由 0 開始拍出來，再在一所 Café 放映；又或是推出了前兩本食譜著作，以至開辦餐廳、開 Studio、推出 Online Cooking School、製作月餅及素 XO 醬等等，一直一直希望為素食世界，用自己的想法做點事情出來。

甜品，一直是我最最最少涉獵的一環，我是一個喜歡挑戰的人。在機緣巧合之下，報讀由法國政府教育部頒授的「Disciples Escoffier 法國糕餅文憑」課程。

在整整八個月課程期間，由第一個法式布丁蛋糕開始，再來是可麗露、國王批、蘋果反批、聖誕蛋糕、馬卡龍、歌劇院蛋糕、閃電泡芙、朱古力花等經典法式糕點和技巧，我都一一學懂及拿捏當中的竅門。還記得每次考試都需要在 8 小時內完成 4 款甜點的挑戰，確實讓我學會甜點製作的專業和認真。

人生，我覺得就是充滿挑戰和勇於探索未知的未來！如果大家有夢想的話，不要思考太多，一起努力完成未完的夢吧！

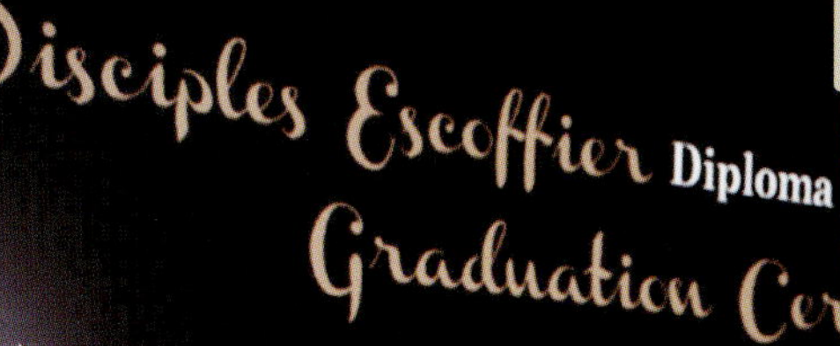

Elvis 於「Disciples Escoffier 法國糕餅文憑」課程畢業。

全蔬食風味料理

滋味．由素開始

著者
素食達人 Elvis Chan

責任編輯
簡詠怡

裝幀設計及排版
鍾啟善

攝影
Elvis Chan、梁細權

部分插圖
Freepik.com

出版者
萬里機構出版有限公司
香港北角英皇道 499 號北角工業大廈 20 樓
電話：2564 7511　　傳真：2565 5539
電郵：info@wanlibk.com
網址：http://www.wanlibk.com
http://www.facebook.com/wanlibk

發行者
香港聯合書刊物流有限公司
香港荃灣德士古道 220-248 號荃灣工業中心 16 樓
電話：2150 2100　　傳真：2407 3062
電郵：info@suplogistics.com.hk
網址：http://www.suplogistics.com.hk

承印者
寶華數碼印刷有限公司
香港柴灣吉勝街 45 號勝景工業大廈 4 樓 A 室

出版日期
二〇二五年二月第一次印刷

規格
16 開（240 mm × 170 mm）

ISBN 978-962-14-7586-2